U0857178

走进
中国科学院
博物馆
丛书

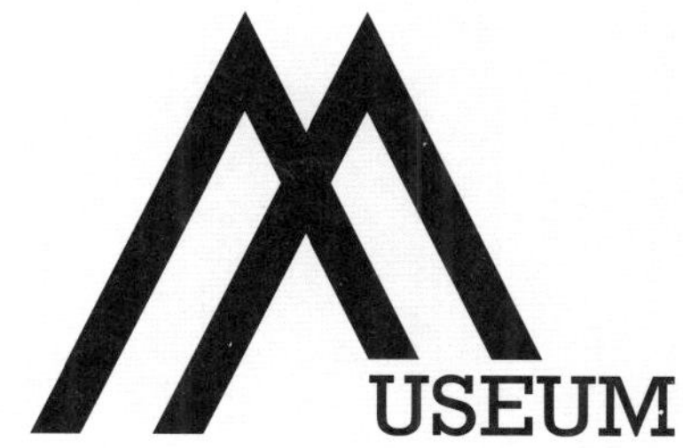

听化石的故事

王原 葛旭 邢路达——等编著

科学普及出版社
· 北京 ·

谨以此书献给

为中国古动物馆的建立和发展

做出贡献的

每一位参与者和支持者

IVPP B2116

总 序

《走进中国科学院博物馆》系列丛书第一辑将要出版。这是中国科学院部分老科学家和年轻科学家们进行科普创作、普及科学知识的又一重要成果。

以习近平同志为核心的党中央在十九大作出了加快建设创新型国家的战略部署，强调创新是引领发展的第一动力，是建设现代化经济体系的战略支撑；强调科学创新、科学普及是实现创新发展的两翼。习近平总书记“两翼”之喻表明，科技创新和科学普及需要协同发展，要把科学普及放在与科技创新同等重要的位置。将科学普及贯穿于国家创新体系之中，对创新驱动发展战略具有重大实践意义。

当代科学普及更加重视公众的体验性参与。科学博物馆是公众尤其是青少年开阔视野、学习科学知识的窗口和科学体验性平台。通过把青少年领进科学博物馆学习科学知识是一种很好的科普方法。

科学博物馆设立之初，以自然科学各学科领域中积累的标本、器械、仪器为藏品，旨在为科学研究提供重要的原始研究资料，进而成为科学家科研工作的场所。进入20世纪以后，科学普及需求在发展过程中显得尤为重要，科学博物馆也逐渐形成社会教育职能，从而实现了从为科研服务向为科研和大众服务的转型。

中国科学院有各学科科学博物馆30多个，体现了综合性、多学科的特色，科学沉淀深厚，馆藏资源丰富，组织方法科学，展示手段新颖。例如：国家动物博物馆采用自然科学与人文科学等多学科的知识集中的主题展示法，结合4D动感影院等高科技视听设施，使参观者能直观地感受到博物馆研究水平和综合实力。该馆也成为世界公认、亚洲最大的动物系统分类与进化研究中心。中国古动物馆有近百年收藏的20余万件标本，按照生物的演化序列展出了从中精选的有代表性的藏品近千件，全面展现了史前动物和古人类的自然遗存及其生命演化的宏伟历程。展品之精美、种类之齐全，堪称亚洲第一、中国之最。中国病毒标本馆展示了当今人们普遍关注的与人类健康密切相关的常见医学病毒、动物病毒、昆虫病毒、植物病毒和噬菌体的知识，采用声、光、电、3D打印技术与VR技术结合的演示手段和通俗语言，图文并茂、深入浅出地介绍了病毒的发现与阶段性研究历史、分类和命名、基本特性，生动地揭示了神秘的病毒王国。凡此等等，精彩纷呈、美不胜收。

“中国科学院博物馆”这个知识宝库分散在全国各地，有的博物馆还因为学科特点建立在高山、森林和边远地区。如何将中科院分散的科学博物馆作一个集中的介绍，使之成为全民尤其是青少年共同享受的资源，成为全国科普信息资源共享和交流的平台，发挥出更广泛地科学传播的作用。中科院离退休干部局、中科院科学传播局、中科院老科协组织中科院离退休老科学家与在职年轻科学家合作，编写了《走进中国科学院博物馆》系列丛书。

《走进中国科学院博物馆》系列丛书在组织创作时突出“三科一新”，要求写科学院、科学家、科学的故事，要求内容兼顾科学研究最新动态和创新成果。倡导科技专家与科普作家相结合参与写作和审查，从而追求科普丛书的科学性、思想性、艺术性的完美统一。优选各博物馆馆藏精华，使内容具有知识性、趣味性和大众性。鼓励与文学艺术相结合，大胆采取逆向思维的创作手法，以科学故事为先导，“以感性的文笔释读理性的科学”，力求深入浅出、通俗易懂、喜闻乐见。加强科学人文内容，每册书均有相关章节介绍各学科中国科学家奋斗的故事，催人上进。

《走进中国科学院博物馆》系列丛书第一辑首先推出六册，涵盖中国科学院古脊椎动物与古人类研究所中国古动物馆、中国科学院植物研究所植物标本馆、中国科学院武汉病毒研究所中国病毒标本馆、中国科学院动物研究所国家动物博物馆、中国科学院微生物研究所菌物标本馆、中国科学院昆明动物研究所昆明动物博物馆。以后将陆续编写中科院其他各博物馆、标本馆的相应分册，向读者展示中国科学院科学博物馆、标本馆的全貌和珍藏。

《走进中国科学院博物馆》系列丛书，是中科院老一辈科学家和年轻科学家们献给新时代青少年的科普大礼，借以引领渴求科学知识的青少年和广大读者走进科学博物馆，使他们既能亲身感受 21 世纪科学大潮的浪潮，又能领略大自然的奇妙和客观世界的不可抗拒，还能感悟人类与大自然和谐相处的不可或缺，从而理解科学进步转化为文明进步、人文情怀引领科学智慧才是人类文明和进步的方向。知识改变命运，视野决定未来，新时代呼唤新使命和新作为，我们衷心期望《走进中国科学院博物馆》系列丛书，能够为广大科普读者奉献科学盛宴和智慧，展现科学历程，启迪科学思想，使广大科普读者感受文明脉络，追求科学人生，从而使中国科学院和大众一起在创新型国家建设和中华民族伟大复兴的中国梦建设过程中迸发出科学的力量。

2018 年 4 月 17 日

本书序

在世界（包括我国）的自然历史类博物馆中，中国古动物馆虽然算不上规模很大、历史很久，但却独具特色、闻名遐迩。因为它有一个在国际上名气很大、科研实力颇强的“国家队”——中国科学院古脊椎动物与古人类研究所为依托。但凡国际上著名的自然历史博物馆，譬如巴黎国立自然历史博物馆、伦敦自然历史博物馆（即原来的“大英博物馆”）、斯德哥尔摩的瑞典自然历史博物馆以及纽约的美国自然历史博物馆等，无一不拥有世界一流的科研团队。只有这样，它们的展览内容才能及时反映出具有国际水平的最新科研成果。中国古动物馆也是如此；你手中的这本书向你所展现的，正是这一点——在我看来，它恰恰也是一个博物馆的灵魂。不少博物馆常常会标榜它们的所谓“镇馆之宝”，而中国古动物馆则所藏“宝贝”太多，很难做出选择。事实上，本书中所介绍的不少展品，若按通常标准，无疑均能称之为“镇馆之宝”！ 它们是真正的稀世之宝，世界各地的古生物学专家们，常不远万里，竞相来观察、研究它们。我希望，你们到中国古动物馆参观、面对这些标本时，能够牢牢记住这一点。这也算作是我所介绍的有关中国古动物馆“背后的故事”之一吧。

同时，我想简单介绍一下世界上自然历史博物馆的起源与发展。一般认为，自然历史博物馆起源于 18 世纪的法国；著名博物学百科全书《自然史》的作者布封，于 1739 年 7 月 26 日，被法国国王路易十五正式任命为皇家植物园总管。布封在执掌皇家植物园近半个世纪中，广为收集了世界各地的动植物、矿物等博物学标本，皇家植物园内的众多“奇珍柜”（cabinet of curiosities），便是后来自然历史博物馆的雏形。法国大革命之后，新政府在此基础上，正式建立了巴黎国立自然历史博物馆。及至 19 世纪，以英国为首的欧洲新兴资本主义国家，开始对外大规模扩张，殖民主义者以及博物学家们，从世界各个角落，带回在当地采集的五花八门的博物学标本。这也是近代欧洲博物学发展的黄金时代，而德国的洪堡、英国的达尔文与华莱士，便是那个时代家喻户晓的博物学家代表人物。自称为达尔文的“斗犬”，那位写过《进化论与伦理学》（即严复所译《天演论》）的著名英国解剖学家赫胥黎，也是当时最负盛名的博物学家之一。为了与强大的宗教势力分庭抗礼，他与其同事们几乎以“宗教般”的热情，来宣传达尔文的生物进化论。按照著名科学史家鲁斯（Michael Ruse）的说法，他们甚至为其“新宗教”建造了“教堂”，不过他们没有称其为教堂，而是叫作“博物馆”罢了。通常信教的人，一家大小会在星期天上午去教堂“做礼拜”，而赫胥黎一帮人则鼓励大家星期天下午携全家去自然历史博物馆，参观各种引人入胜的化石展品——因为这些化石都是生物演化的实证。也正是差不多同一时期，美国的古生物学家们开始在美国西部发掘出那些奇奇怪怪的史前动物化石，譬如：背负棘板的剑龙、生有四个脚趾的小马——始祖马等等。此后，大大小小的自然历史博物馆也在美国各地雨后春笋般地出现了。

改革开放以来，中国的博物馆事业有了蓬勃的发展。也正是在改革开放的初期，中国科学院古脊椎动物与古人类研究所新建了一座办公大楼，并借机在新楼外侧专辟空间、建立了对外开放的中国古动物馆，以推进科普工作。近十多年来，在所领导和全所职工的大力支持下，经过王原及其众多小伙伴们的辛勤努力，不仅各展馆“旧貌换新颜”，而且包括“小达尔文俱乐部”在内的各种科普活动，也办得风生水起、多姿多彩。我十分欣喜地看到，现在王原与他的小伙伴又编著了这本集导览与科普于一体的好书。我在此郑重地向大家推荐这本书。我相信，已经参观过中国古动物馆的读者朋友们，看这本书定能温故知新，很可能还想“二进宫”、“三进宫”……再访中国古动物馆。尚未参观过中国古动物馆的读者朋友们，读了这本书，定会激起你们强烈的好奇心与欲望，计划尽快去参观中国古动物馆。我想，届时你们已经做足了功课，持此一书在手，连解说导游都不需要，便可按图索骥并能如数家珍，没准儿还会引来游客中许多羡慕的目光呢！

最后，我衷心期望：喜欢这本书以及眷顾中国古动物馆的朋友们，今后会继续大力支持我们的事业。谢谢！

写于美国堪萨斯大学自然历史博物馆

暨生物多样性研究所

2018.4.17.

目录

第四章：羽翼飞天的鸟类

第五章：哺乳动物的崛起

第六章：人类的黎明

第七章：看恐龙，到中国古动物馆

作者分工

王 原

项目组织和全书的文字统稿，并负责以下内容撰写：引言的全部词条；第一章的海口鱼、脊梁骨的起源、澄江生物群、曙鱼、中生鳗、全颌鱼、颌的出现、邓氏鱼、中华旋齿鲨、杨氏鱼；第二章的全部词条；第三章的羊膜卵的出现、重返海洋、大凌河蜥、飞上蓝天、羽毛的演化、小盗龙、热河生物群；第五章的哺乳动物的兴起、尤因塔兽、巨鬣狗、鼻雷兽、埃氏马；第六章的人类的起源、大灭绝 5+1；后记、附录一和二、索引以及本书全部注释。

葛 旭

项目协调和全书的图片统稿，并负责以下内容撰写：第一章的拉蒂迈鱼；第三章的禄丰龙、杨锺健、马门溪龙、中国的侏罗纪公园、原巴克龙、切开的恐龙蛋、窃蛋龙胚胎、杨氏蛋、燕辽生物群、恐龙灭绝了吗；第五章的翔兽、黄河象、准噶尔巨犀、晓鼠；第七章的我们是谁、绿色和青色、中国恐龙五宝、小达尔文俱乐部、导览图和其他。

邢路达

专家音频的整理，并负责以下内容撰写：第一章的飞鱼、献文鱼；第三章的齿龟、南雄龟、喜马拉雅鱼龙、山西鳄、准噶尔翼龙、翼龙胚胎；第五章的水龙兽、西域肯氏兽、中国尖齿兽、爬兽、锯齿虎、刃齿虎、濒危的王兽、和政羊；第六章的基猴。

谢 丹

负责以下内容撰写：第三章的什么是恐龙、青岛龙、近鸟龙；第四章的全部词条；第五章的始猫熊、走出西藏的披毛犀、硅藻鼠。

马 宁

负责以下内容撰写：第五章的肿骨鹿；第六章的巨猿、北京直立人、中国古人类的演化、手斧、石器技术的演变、裴文中、石球、小孤山人的项链；第七章的走进标本馆。

引言：走进古生物的世界

神奇的星球

在浩瀚的宇宙中，有一颗不起眼的蓝色星球。它是宇宙中已知唯一存在生命的天体，它也是我们的家园——地球。称它为“地”球也许并不合适，因为它表面 71% 的面积都是被水覆盖。这其实是一个“水”的星球，其中主要是海洋。

阿波罗 17 号拍摄的地球照片（来源：维基百科 Wikipedia）

地球形成的历史可以追溯到距今约 46 亿年前，围绕着太阳旋转的星云不断凝聚，终于形成了地球。那时地球上还没有海，而是一个火山频发、地震不断、陨星轰击下的“地狱”。也正是因为一颗火星般大小的巨型陨星的撞击，地球被撞飞出去的残骸逐渐汇聚，形成了地球唯一的卫星——月球。可不要小看这颗空中伴侣：月明之夜，看看它伤痕累累的表面，就知道它为我们抵挡了多少不速之客的侵袭。

环形山密布的月球（来源：维基百科 Wikipedia）

地球早期剧烈的火山活动释放出大量的气体，包括水蒸气，它们帮助地球形成了原始的大气和海洋。而由地下热力对流驱动的地表板块运动，则是包括喜马拉雅山隆起的沧海桑田变迁的直接动力。

火山、海啸、地震、龙卷风，我们看到的是一个动力澎湃的星球。难以想象的是，它也曾经是一个冰冻的世界。大约 22 亿年前，大气中的氧气因蓝藻的光合作用而大幅度增加，造成著名的温室气体——甲烷含量的骤减，于是整个地球被冰雪覆盖，形成了一个“雪球地球”。无独有偶，大约 7 亿年前，二氧化碳被大量固结在沉积岩中，失去温室气体的地球又一次得了“重感冒”。可谁又敢说这不是好事呢？两次雪球事件之后，都伴随着生命形式的大辐射。

提到生命，这个活力四射的星球如今庇护着 1 千多万种生物。从简单的、只有一个细胞的变形虫，到复杂的、拥有独特意识的人体。**拥有生命也让地球如此地卓尔不群。**

火的世界、冰的世界、水的世界、生命的世界。这的确是宇宙中一个神奇的星球。

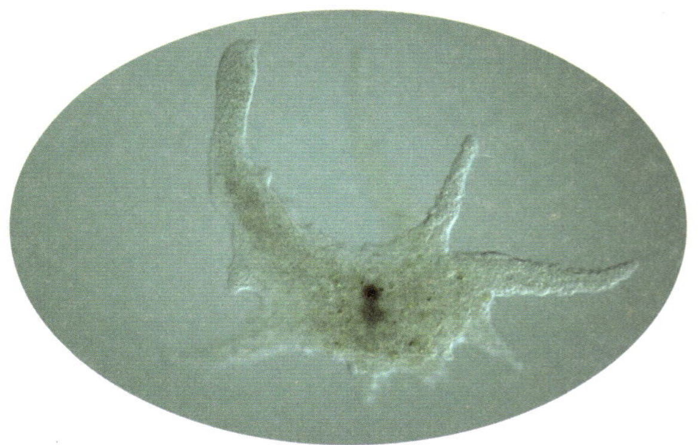

单细胞的生物：变形虫（来源：维基百科 Wikipedia）

演化中的生命

如果需要用一个词形容生命，那一定是“演化”[1]二字。因为地球生命从无到有，从简单到复杂；从无脊椎到有脊椎，从水生到陆生；芸芸众生、林林总总，经历了约40亿年的漫长演化过程。

这个过程中充满了偶然，也包含着必然。“偶然”是指演化虽有事后看来的整体趋势，但在每个节点并无确定的方向——如果演化过程中的任何一点以另外一种形式展开，我们现在生物界的面貌将迥然不同，也许人类都不会出现在地球上；而这个“必然”就是诸多生物界和自然界的规律和法则，包括查尔斯·达尔文（Charles Darwin）提出的自然选择是地球生物演化的源动力的科学理论。

地球上最早的、确切的生命印记是发现于澳大利亚西部34.5亿年前的岩石中的微生物群落化石。2017年一项新的研究甚至认为早在42.8亿年前，生命就已经诞生在地球上了，就在原始海洋形成后不久——以我们现在所知，最早的地球生命是诞生于海洋的。

地球上早期的生命形式只是一些单细胞的细菌或古菌（二者合称为“原核生物”）。在大约21亿年前，地球上出现了第一个有细胞核的生命——真核生物。又过了10多亿年，也就是前文提到的第二次雪球事件之后，才出现了多细胞的动物；随后就是令世人瞩目的“寒武纪生命大爆发”，其间包括世界上第一条鱼的悄然诞生，从此开启了脊椎动物[2]5亿多年的演化历程。而在这5亿多年之中，发生了至少九次重大的演化事件（后文将以“大事件”为题一一介绍），人类才出现在这个蓝色的星球上。

任何时候提及地球生命演化，都无法忽视“大灭绝”事件，也就是地球上发生的快速而大范围的生物多样性降低事件。常说的“五大”（The Big Five）灭绝事件中，第五次即6600万年前白垩纪末的大灭绝事件最为人熟知，因为它终结了繁华1亿多年的恐龙帝国——相比之下，人类有记载的几千年历史真是难说悠久！值得注意的是，有学者认为现今地球上正

脊椎动物演化史示意图（来源：中国古动物馆）

发生着“第六次大灭绝”，而这一次很可能与人类的活动密切相关。人类是否应因此而警醒呢？

有灭绝，也有新生——地球上生命不息、演化不止。作为生物界的一员，人类应该认清自己现今的位置并把握好未来。

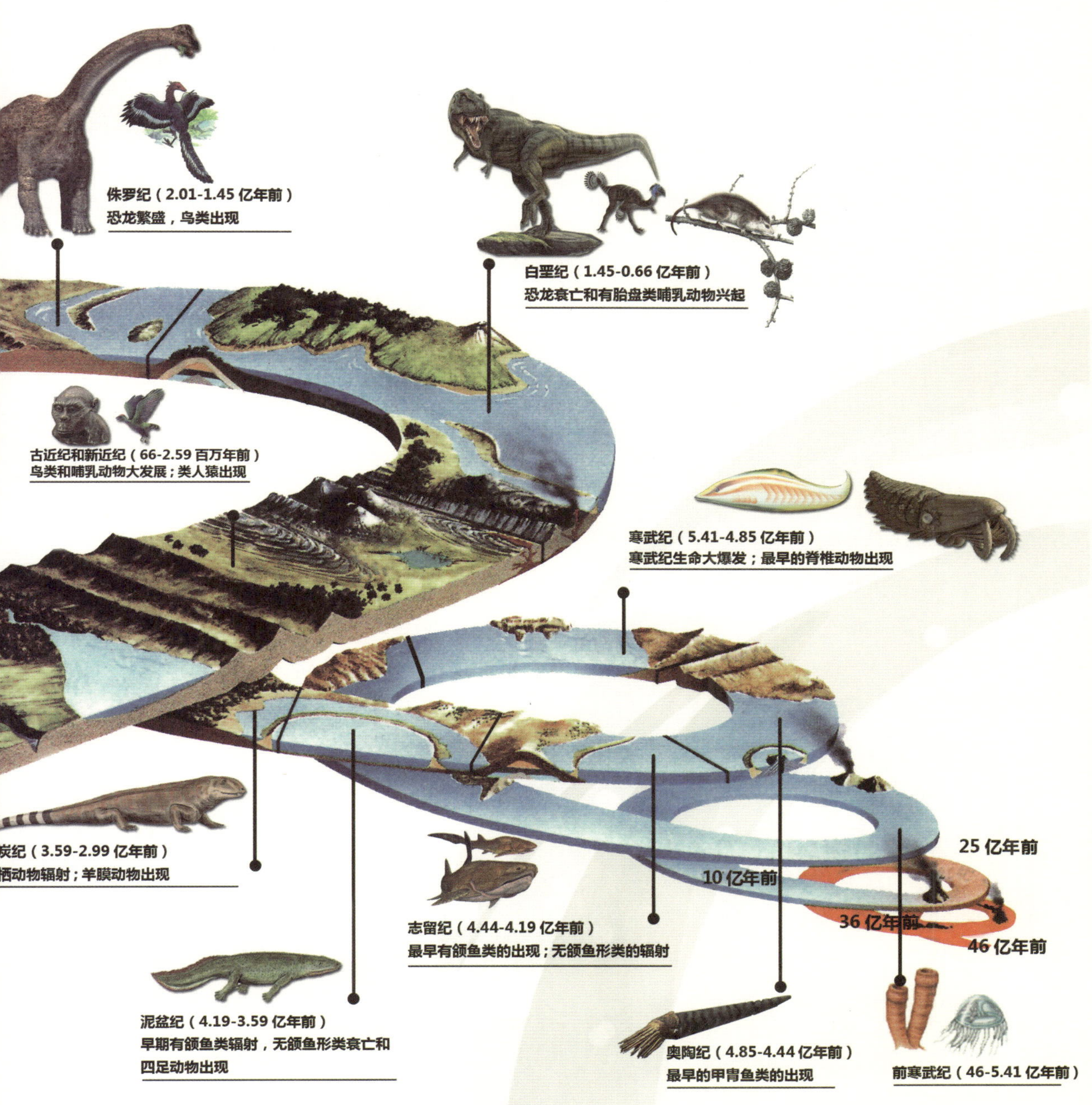

探秘古生物学

有一部叫《夺宝奇兵》的电影非常受欢迎。其中哈里森·福特饰演的考古学教授身手矫捷，在神秘的国度探宝历险。不少小朋友非常神往，希望自己长大后也能成为一名考古学家。有趣的是，研究人类宝藏的考古学与研究恐龙的古生物学这两门学科经常容易被人混淆。遇到古生物学家，总有人点头道：“啊，您是考古的”。

其实**古生物学是地质学和生物学的一个交叉学科，研究的对象是化石**（保存在岩石中的古代生物的遗体、遗物和遗迹，当然也包括远古人类的化石），属于自然科学，探究生物演化过程和地球发展历史；而考古学属于人文科学，研究人类活动留下的遗迹和遗物（比如石器、书简），更偏重人类的历史和文化。用戏谑的口吻打个比方，考古学挖墓（当然研究远古人类遗存的史前考古学一般无墓可挖），古生物学挖化石。都是寻宝，考古学追溯的是人类的珍宝和文化历史，而古生物学则是探究大自然留下的宝藏和生命奇迹。

化石的形成需要时间。一般需要万年以上，生物结构才能彻底“石化”；但特殊保存介质如泉华、沥青等会缩短这一过程。生物身体中较硬的部位一般比较容易保存为化石，比如骨骼、牙齿、贝壳等；但一些特异埋藏条件下的化石宝库，像火山碎屑流成因的热河生物群、水下泥石流成因的澄江生物群、西伯利亚冻土中的猛犸象动物群等会保存下罕见的软组织印痕乃至生物的完整躯体。按照生物分类，化石可以分为脊椎动物化石、无脊椎动物[3]化石、植物化石等。

化石（来源：中国科学院古脊椎动物与古人类研究所）

沥青坑里发掘出的剑齿虎化石（来源：王原）

不少朋友很想知道古生物学家的日常工作是什么样子的，尤其是他们在野外“寻宝”挖化石的过程让人感到神秘而向往。中国古动物馆曾专门制作了一个多媒体游戏，用观众互动的方式还原古生物学野外科考、室内研究和科学传播的全过程。真正的过程其实更为有趣，让我们跟随本书，走进中国古动物馆，深入了解化石背后的故事，一起探究缤纷多彩的古生物世界的奥秘！

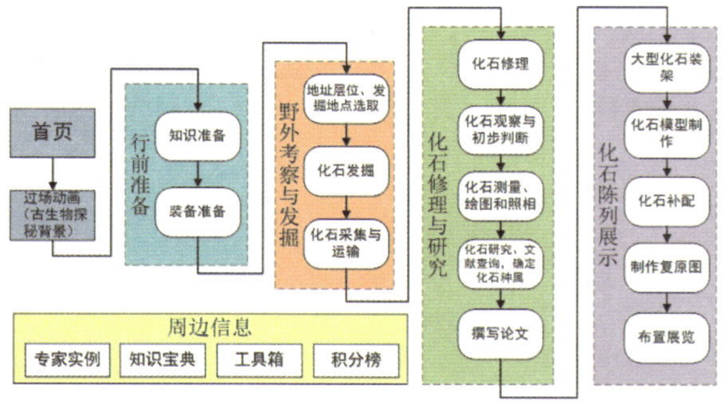

古生物探秘路线图（来源：中国古动物馆）

锥齿亚洲冠齿兽 头骨

本章注释

1　演化又称“进化”，指的是生物种群的遗传特征在世代之间发生变化，它的实质是基因频率的改变。生物的所谓进化并没有固定方向，器官的退化也是一种进化，所以近年来不少中国学者建议用“演化”而非“进化”作为 evolution 的中文翻译。

2　脊椎动物是体内有脊椎骨的动物，它们身体内靠近背部的地方具有脊梁骨（backbone），由一串脊椎骨连接构成。脊椎动物包括鱼类、两栖动物、爬行动物、鸟类和哺乳动物等。人类属于脊椎动物中的哺乳动物家族。

3　无脊椎动物即身体中没有脊椎骨的动物。它们的种类繁多，约占动物界物种总数的 95%。常见类型如昆虫、蜘蛛、虾、蟹、蛤、螺、海星、各种蠕虫等。化石中以三叶虫、菊石、海百合等最为闻名。

第一章：来自海洋的鱼

海口鱼：世界上的第一条鱼

展品名称：耳材村海口鱼（群体印痕化石）
物种学名：*Haikouichthys ercaicunensis* Luo *et al*., 1999
生活时代：寒武纪早期（距今约 5.3 亿年前）
化石产地：云南省玉溪市澄江县、昆明市西山区
展出位置：中国古动物馆一层“澄江生物群”展区

中国科学院古脊椎动物与古人类研究所

耳材村海口鱼群体化石（来源：舒德干）

5 亿多年前，如今林壑尤美的云南地区还是一片浅海。在清澈的海水中，一些两三厘米长的小鱼四处游动，用圆盘状的口搜寻海底泥沙中的细小食物。沧海桑田，如今它们的化石发现于云南海口镇及耳材村等地的山丘上，它们也因此获得了正式的名称：耳材村海口鱼（显然名字中的海口与海南岛的海口市无关）。海口鱼的口中没有后端关节的、可以灵活开闭的上下颌骨作为支撑，所以在分类上它们被称为“无颌类”[1]。

海口鱼拥有显著的头部、眼睛和尾部。它的背部有一条长的鱼鳍直达尾部，并向下、向前延伸到腹侧。它具有至少 6 对鳃裂（可能多达 9 对），也拥有脊椎动物特有的双 V 字形（也有称“S 形”“之字形”）的肌肉分节形式。在海口鱼的腹部具有 13 个圆形团块，可能代表它的生殖腺。在海口鱼的身体中靠近背侧的

漫游態鱼头骨

部位，从前到后，拥有一条起支持作用的棒状结构——脊索，这说明它肯定是脊索动物家族的一员。而在脊索的周边已经出现了可能是软骨质的脊椎的雏形，因此海口鱼又被研究者进一步归入了脊椎动物。

海口鱼代表了世界已知最早、最原始的脊椎动物。英国著名科学杂志 *Nature* 以“逮住世界上的第一条鱼”为题，报道了这一重大发现。西北大学的古生物学家舒德干院士带领的研究团队将耳材村海口鱼、丰娇昆明鱼和长吻锺健鱼一起，归入了“昆明鱼目”。该类动物成为世界已知最早鱼类的代表，也是脊椎动物生命之树发展壮大的起点。**脊椎动物的演化从这样一些不起眼的小鱼开始，的确是非常地低调**。尤其是生活在寒武纪海洋中的很多生物现在都已经彻底灭绝了，没有留下任何后代，但这些小鱼的后代将发展、壮大——如同一个嫩芽，最终将长成一棵巨大的脊椎动物生命之树（其中一个枝杈就代表我们人类）。从此，地球上将热闹起来！

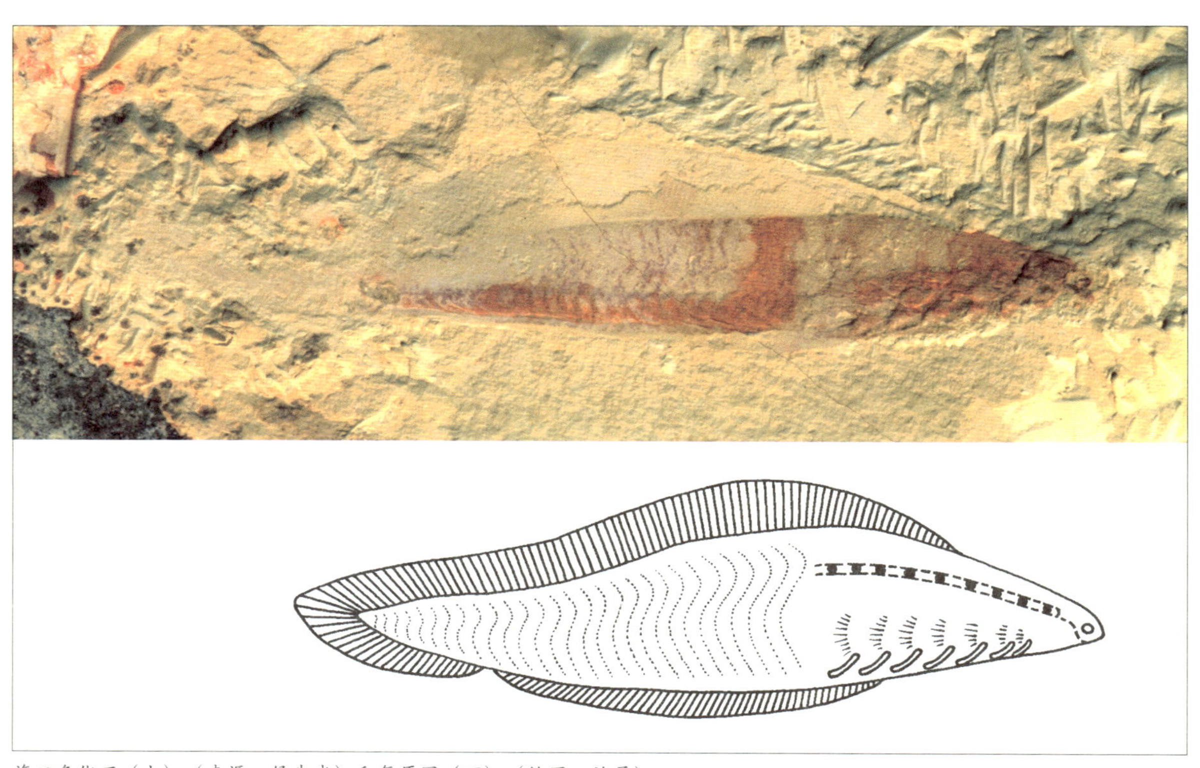

海口鱼化石（上）（来源：侯先光）和复原图（下）（绘图：许勇）

中国古动物馆用这样的科普小短诗描述海口鱼的世界：

我爱游泳，我要用我的内骨骼，游出一片新天地。

爆发的生命让海洋变得拥挤，但我依然喜欢这里。

我是海口鱼，我想向你介绍我自己。

大事件①

脊梁骨的起源

一些被称为昆明鱼和海口鱼的动物的体内，
已经悄悄地孕育出了初始的脊椎，
使得它们的身体既坚强、又灵活。

「脊椎的出现」具有里程碑式的意义，因而当之无愧地被列为首次重大事件。

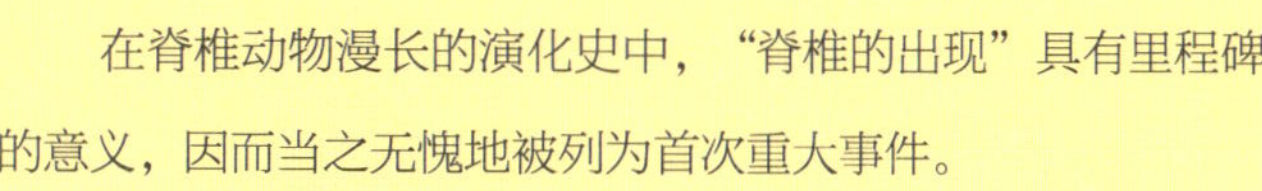

在脊椎动物漫长的演化史中，“脊椎的出现”具有里程碑式的意义，因而当之无愧地被列为首次重大事件。

无论生活在水中的鱼类、空中的飞鸟、还是在陆地上的龟、蛇、虎、象；无论是 8 毫米长的小蛙，还是 30 米长的蓝鲸，所有脊椎动物都有一个共同的特征：身体中靠近背部具有一串支撑身体的骨骼——脊椎骨。脊椎的出现使动物们有了内在的骨骼支持，因而变得更加坚强。

脊椎动物的脊椎骨由两部分构成：位于腹面的椎体和位于背面的神经弓。椎体是圆柱状，前后椎体首尾相连，有时椎体之间还有软骨质的椎间盘作为缓冲压力的垫板（如人类的脊椎）；而神经弓包围并保护里面的脊神经（即脊髓）。全部脊椎骨连接起来可以形成坚韧的脊柱，使身体既坚强又能产生一定的弯曲，以适应灵活运动的需要。这是动物体内一次重要的结构创新。

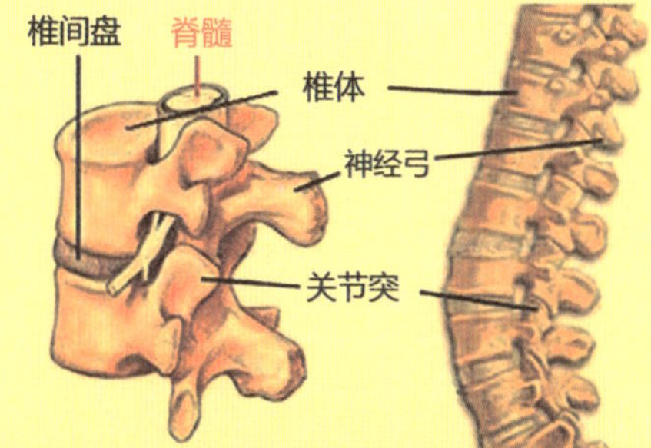

人的脊椎骨

变异坝鱼 头甲

对所有脊椎动物而言，这无疑是一次伟大的革命！

脊椎出现的过程可能是比较复杂的。在化石记录中，各种无颌类以及有颌的盾皮鱼类，都没有保存脊椎。所以如果脊椎的确存在于这些动物中，它们一定是由未矿化的软骨构成的，因为无论硬骨质的脊椎还是鲨鱼类型的矿化的软骨质脊椎，在化石中都很常见。绝大多数的化石无颌类以及原始的有颌脊椎动物——盾皮鱼类，应当至少同现生的无颌类七鳃鳗一样，拥有较发育的软骨质的神经弓。有些可能还有软骨质的椎体。但我们无法确定哪个类群有哪种结构，因为化石中没有保存下来。

根据化石的印记，在大约 5 亿多年前的寒武纪早期，在中国西南的浅海中，一些被称为昆明鱼和海口鱼的动物的体内，已经悄悄地孕育出了初始的脊椎，使得它们的身体既坚强、又灵活。它们躲避着 2 米多长的奇虾这样的凶猛猎手，在危机四伏的寒武纪海洋中生存繁衍，也吹响了动物向结构更加复杂、生态领域更广阔方向进军的号角。对所有脊椎动物而言，这无疑是一次伟大的革命！

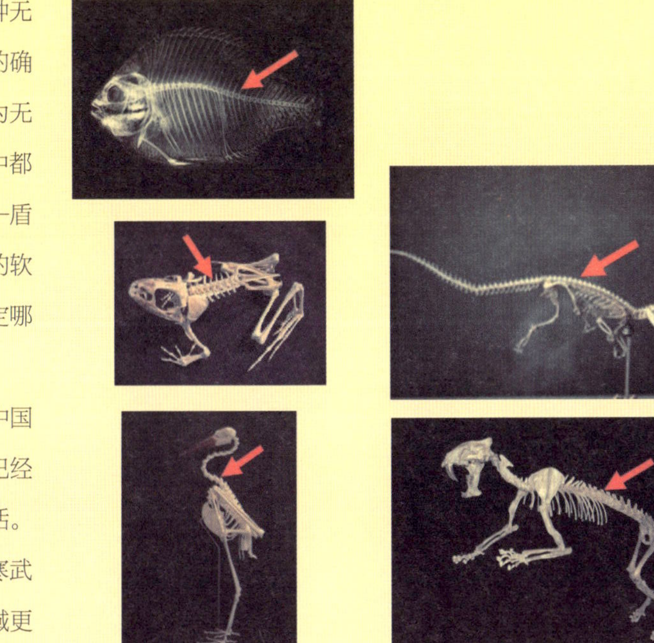

现生脊椎动物的骨骼，红色箭头显示脊梁骨

知识窗 1

澄江生物群："寒武纪生命大爆发"的见证

澄江生物群生态复原图（来源：中国科学院南京地质古生物研究所）

距今大约 5.3 亿年前的寒武纪早期，现今云南省昆明市东南的澄江县帽天山地区曾经是一片温暖的浅海。这里的海洋生物种类繁多，已经发现了 200 多种海洋生物的精美化石，涵盖了藻类、多孔动物、腔肠动物、曳鳃动物、叶足动物、节肢动物（种类最多，约占生物群的 40%）、腕足动物、棘皮动物、脊索动物等 10 多个主要生物门类。它们被统称为"澄江生物群"。澄江生物群是世界已知生物多样性最高的寒武纪生物群。

在这片远古海洋中活跃的身影，大多数都已经在地球历史的长河中彻底消失了。其中既有前面提到的世界已知最早的脊椎动物——海口鱼，也有形状奇特、背腹难分的怪诞虫（它的形态如此奇特，以至于最初的研究者把它后背上的刺当成了它腹下方的腿）；既有身上长了 9 对眼睛状骨板的微网虫，也有形状像"带尾巴的小箱子"一样的古虫动物；既有凶猛的、体长可达 2 米的奇虾，也有大家较为熟悉的三叶虫以及水母和古杯动物等。

（上图）奇虾追捕古虫动物，（下图）爪网虫、微网虫、怪诞虫、星口水母钵等在古杯动物组成的海底“树林”间活动（来源：中国科学院南京地质古生物研究所）

这些光怪离奇的海洋生物在更早的地层中都没有见到，仿佛突然间出现在寒武纪地层中，这个现象被称为“寒武纪生命大爆发”。

澄江生物群为研究寒武纪早期的生命大爆发事件提供了世界罕见的、珍贵的化石材料。从 1984 年第一件“具有软躯体的动物化石”的首次发现开始，澄江生物群不断有举世瞩目的新成果问世。“澄江生物群和寒武纪生命大爆发”研究也因此在 2003 年荣获国家自然科学奖一等奖。2016 年，由澄江生物群工作延展的“地球动物树成型”项目揭示了动物三大亚界关键门类的起源和演化关系，获得国家自然科学奖二等奖。然而，这个世界闻名的化石宝库仍然有许多未知等待学者们探索揭秘。

温馨提示：在中国古动物馆一层特别开辟的澄江生物群展区，大家可以见到海口虫、微网虫、林乔利虫、奇虾等许多珍贵标本。

精美的微网虫化石（来源：中国科学院南京地质古生物研究所）

云南头虫

曙鱼：为颌的起源带来曙光

展品名称：浙江曙鱼（复原模型）
物种学名：*Shuyu zhejiangensis* (Pan, 1986)
生活时代：志留纪早 / 中期（距今约 4.3 亿年前）
化石产地：浙江省长兴县
展出位置：中国古动物馆一层“无颌类”展区
——中国科学院古脊椎动物与古人类研究所——

浙江曙鱼复原模型（制作：王晓龙）

如果需要从中国古动物馆的展品中选一件看起来十分不起眼，演化意义又非常重大的化石，那很可能会选中浙江曙鱼。浙江曙鱼的正型标本[2]是一件非常破碎的头骨，研究者利用先进技术复原了它的内部结构，并制作出了它的复原模型。

曙鱼是一种生活在距今约 4.3 亿年前的古鱼类，属于无颌类。请您注意：图片中两个圆眼之间的椭圆形开孔是鼻孔，而不是它的口。它的口位于身体下方，呈圆盘状或裂缝状，这是一种过着滤食性生活的海洋鱼类。浙江曙鱼的化石发现在我国浙江省长兴县，这也是它种名的由来。

浙江曙鱼的正型标本头骨
（来源：中国古动物馆）

曲靖宽甲鱼 头甲

2011 年 8 月 18 日，英国 *Nature* 杂志以封面推荐文章的形式发表了中、英、法学者对曙鱼的研究成果，他们应用最先进的同步辐射 X 射线断层扫描和计算机三维复原技术，历时 5 年，完成了曙鱼的脑颅三维虚拟复原。

研究结果与发育生物学家建立起来的颌的发育模型非常吻合，曙鱼代表了在颌演化过程中的一个非常关键的中间环节。它的脑颅中，已经出现了成对的鼻囊和独立的鼻咽管，而这些都是有颌脊椎动物的特征，说明在无颌类的曙鱼头骨中已经孕育了颌骨的起源萌芽。**曙鱼是为颌骨起源研究带来曙光的鱼，它也因此而得名。**

浙江曙鱼生态复原图（绘图：楚步澜 Brian Choo）

值得一提的是，浙江曙鱼的原名是浙江中华盔甲鱼，于 1986 年命名。经过 25 年后，根据新的研究它才改为现在的名字。科学研究就是这样，在不断试错的过程中获得进步。

2013 年，曙鱼的研究成果入选美国教科书 *History of Life* 以及英国 *New Scientist* 杂志封面故事。曙鱼被认为是与提塔利克鱼、始祖鸟、弗洛勒斯人等一样重要的生命演化的缺失环节。它为解开脊椎动物颌的起源之谜提供了关键的化石证据。

中生鳗：恐龙时代的水中吸血鬼

展品名称：孟氏中生鳗（印痕化石）
物种学名：*Mesomyzon mengae* Chang *et al.*, 2006
生活时代：白垩纪早期（距今约 1.25 亿年前）
化石产地：内蒙古自治区宁城县
展出位置：中国古动物馆一层“无颌类”展区
中国科学院古脊椎动物与古人类研究所

孟氏中生鳗化石（来源：中国古动物馆）

“水中吸血鬼”——好吓人的名字！还生活在恐龙时代，很古老的感觉！没错，它就是孟氏中生鳗。中生鳗是一种已经灭绝的七鳃鳗类，生活在距今 1 亿多年前的恐龙时代，属于无颌类脊椎动物。由于七鳃鳗类的身体中缺少硬骨，所以一般很难保存为化石。在内蒙古宁城一带的中生代地层中，**由于细粒的火山灰沉积等特异的埋藏条件，中生鳗的化石才得以完美地保存下来**。它们的身体细长呈鳗鱼状，大都保存为印痕，可见小圆点状的眼睛、薄薄的鱼鳍、椭圆形的口部和 7 对鳃孔。

孟氏中生鳗不仅是我国发现的唯一的化石七鳃鳗类，也是世界已知时代最早的淡水七鳃鳗类，同时还是中生代以来世界已知唯一的化石无颌类。中生鳗的名字也因此而来，而种名献给了我国著名鱼类学家孟庆闻先生。

孟氏中生鳗生态复原图（绘图：张宗达）

现生七鳃鳗类的眼后有7个鳃孔，乍看像是每侧有8只眼睛，故又名八目鳗。成体七鳃鳗一般寄生于其他鱼类身上并用圆盘状的嘴刮取吸食寄主的血肉，因此被称为“水中吸血鬼”。中生鳗也因此得名“中生代的水中吸血鬼”。

现代七鳃鳗的生命周期分为三个阶段：幼体期、变态发育期和成体期。幼体和成体的形态和生态迥异。幼体滤食水底泥沙，变态期不吃不喝，成体过寄生吸血生活。海生七鳃鳗有洄游的习性，成体在繁殖季节溯河而上，在淡水河流中产卵。卵孵化后，生命周而复始。

七鳃鳗类自泥盆纪晚期（距今约3.6亿年）即有发现，但此前没有幼体的化石记录，因而对化石七鳃鳗的个体生命史所知甚少。中国科学院古脊椎动物与古人类研究所张弥曼院士带领的研究团队记录了孟氏中生鳗的幼体、变态期个体和成体的诸多关键特征，而且确信现代七鳃鳗独特的三期生命史至少在距今1.25亿年前的中生鳗即已成型并保持至今。

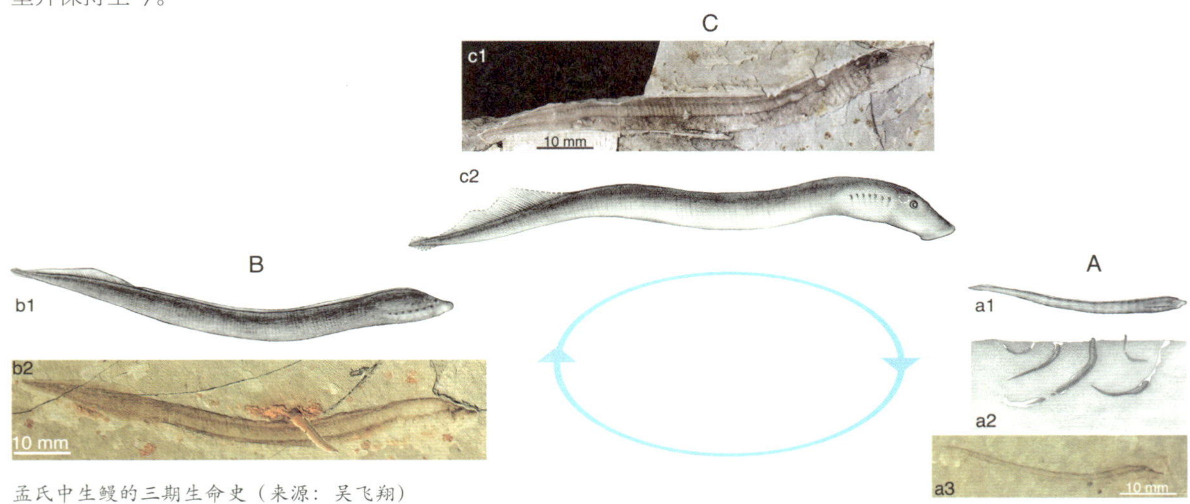

孟氏中生鳗的三期生命史（来源：吴飞翔）

廖角山多鳃鱼 头甲

全颌鱼：长了“新脸”的古鱼

展品名称：初始全颌鱼（头骨和躯体前部骨骼化石）
物种学名：*Entelognathus primordialis* Zhu *et al*., 2013
生活时代：志留纪晚期（距今约 4.2 亿年前）
化石产地：云南省曲靖市麒麟区
展出位置：中国古动物馆一层“盾皮鱼类”展区
——中国科学院古脊椎动物与古人类研究所——

初始全颌鱼化石（来源：中国古动物馆）

2013 年，国内外纷纷报道一项重大的古生物新发现。有媒体甚至夸张地说：拥有“人脸”的鱼类祖先终于找到了。事情的真相是什么呢?

这一年，我国古生物学家朱敏带领的研究团队在云南曲靖 4 亿多年前的志留纪地层中发现了一件保存完好的古鱼化石，他们在英国 *Nature* 杂志发表论文，将其命名为“初始全颌鱼”。“全颌”是指该鱼具有一套完整的膜质骨[3]的上下颌骨（包括上颌的前颌骨和上颌骨以及下颌的齿骨），“初始”显示这种颌骨组合是地球已知最早的化石记录！

全颌鱼的正型标本三维立体保存得十分精美，保存了身体的前半部约 11 厘米。推测整条鱼全长超过 20 厘米。这种海洋鱼类连同其他的伴生生物被统称为“潇湘动物群”[4]。全颌鱼身体的其他部分与典型的盾皮鱼类十分相似，但它同时还具有典型的硬骨鱼类的上下颌骨。全颌鱼很可能是盾皮鱼类[5]和硬骨鱼类之间一个过去未知的“演化缺环”，从而揭开了硬骨鱼类（也包括我们人类）日常使用的颌骨起源的奥秘。

尖齿粒骨鱼

初始全颌鱼生态复原图（绘图：楚步澜 Brian Choo）

颌骨最早是由软骨组成，但在漫长的演化历程中，一系列来自骨膜的骨片（膜质骨）加入进来，最终取代了软骨来源的原始颌骨。过去学者们一直认为有颌脊椎动物的祖先应该是一种形似鲨鱼的动物，没有膜质骨的颌骨，而现代类型的颌骨结构应该是从早期的硬骨鱼类中演化出来的。全颌鱼的发现则推翻了这个假说，显示现代颌骨结构出现得更早，在盾皮鱼类中就已经成型。另外，这个发现还引出一种新的假说，即软骨鱼类（包括鲨鱼）其实是从盾皮鱼类中演化出来的，它们的祖先也曾经有膜质骨的颌骨，但在后期的演化中，膜质颌骨退化消失了。

全颌鱼的颌骨结构与包括人类在内的后期硬骨脊椎动物的颌骨结构具有共同的来源，所以**全颌鱼可以被认为是人类颜面部骨骼组合在演化舞台上的首次登场**。据此，研究者通俗地将这一发现称为“古鱼展新脸”。包含此成果前期工作的“硬骨鱼纲起源与早期演化”研究荣获了2013年国家自然科学奖二等奖。

无独有偶，2016年美国 *Science* 杂志报道了脊椎动物颌骨起源研究又一重大成果，同样来自潇湘动物群的长吻麒麟鱼处于比初始全颌鱼还原始的颌骨状态。该成果也因此被评选为“2016年度中国古生物学十大进展”之首。

专家讲故事（1）

朱敏：
中国科学院古脊椎动物与古人类研究所研究员，世界知名古鱼类学家。

扫码听故事

大事件②
颌的出现

颌骨具有获取食物、反抗捕食者、与同类搏斗竞争、辅助呼吸和辅助交流等多种功能。

如果没有颌，生命将真的是不可想象。

鲨鱼、霸王龙、剑齿虎张开血盆大口

1996 年，美国著名古鱼类学家约翰·梅兹曾经评论：“如果没有颌，生命将真的是不可想象：没有它，巨大的噬人鲨、凶残的恐龙、狰狞的剑齿虎和喋喋不休的人类将大不相同。颌的起源可能是脊椎动物演化史上最为重要和意义深远的一次演化事件。”

“颌”是什么？颌就是可以上下开闭的嘴巴。脊椎动物上下颌的后部通过关节连接在一起，控制口的开闭。下颌骨就是人们常说的下巴。在真正的颌出现之前，无颌脊椎动物的嘴巴都是近似圆形，里面会有一些细小的角质齿或小骨片帮助摄食。现生的无颌类也因此被称为“圆口纲”，包括盲鳗和七鳃鳗两个小类群，主要过着滤食和吸血寄生性的生活。

现生七鳃鳗的外形和口部复原图（绘图：黄金玲）

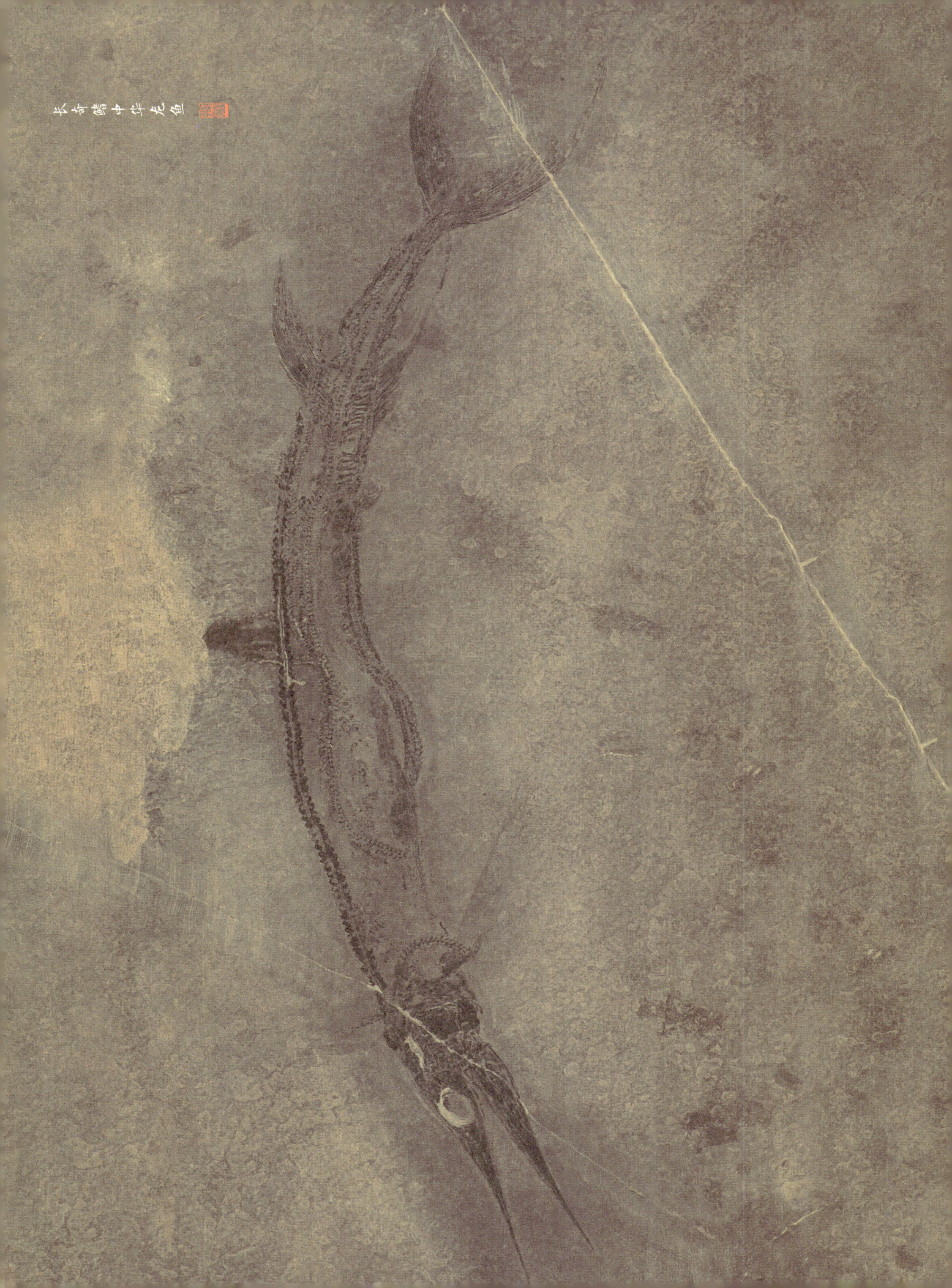

长奇鳍中华龙鱼

> 颌出现之后，有颌脊椎动物迅速向更广阔的生态位辐射演化，演化出包括我们人类在内的各大现生类群。

4 亿多年前，一些原始的脊椎动物首次发育出了上下颌，标志着脊椎动物由滤食性向更为主动的捕食性生活方式过渡，大大提高了脊椎动物的取食与适应能力。颌出现之后，有颌脊椎动物迅速向更广阔的生态位辐射演化，演化出包括我们人类在内的各大现生类群，占整个脊椎动物总数的 99.8% 以上，而无颌类中只有上述两个小类群残存至今。

在演化过程中，新的结构一般都是通过改造旧结构而产生的。在颌的演化问题上，解剖学家很久以前就意识到了颌和鱼类鳃弓之间的相似之处。鳃弓是由硬骨或软骨构成的垂直的棒状结构，它分割连续的鳃裂并为鱼鳃提供结构性支撑。有颌类的鳃弓由多节构成，于是人们很容易假设上颌和下颌应该是由鳃弓中的两节演变而来。当然还有其他起源假说。

鲨鱼头骨结构，注意其中颌弓和鳃弓的相似性（绘图：许勇）

颌骨具有获取食物、反抗捕食者、与同类搏斗竞争、辅助呼吸和辅助交流等多种功能。前四项功能都很好理解，这第五项功能，英国前首相温斯顿·丘吉尔说得最透彻：“动动下巴总好过动手”（To jaw-jaw is always better than to war-war）。他用“下巴”这个词表达的是无休止外交谈判中的斗嘴。正是因为有了颌，人类才能愉快地交流。

需要指出的是，脊椎动物“下巴”的最初功能无疑更多是用来进食而不是交流，因为在古生代的海洋中，猎食者可没有兴趣与它们的猎物进行谈判。在水域之中，猎食者最常见的进食方法是通过突然将颌骨张开，产生巨大的吸力，将猎物和水一起吸到口中，然后关闭嘴巴，用牙齿咬住无助的猎物。

无论哪种功能，一言以蔽之：有颌的感觉，那是相当的好呀！

体长 1 米的宏颌鱼是志留纪的海洋中已知最大的脊椎动物，它用有力的颌捕食无助的无颌类长孔盾鱼（绘图：楚步澜 Brian Choo）

邓氏鱼：泥盆纪海洋的顶级杀手

展品名称：泰雷尔邓氏鱼（下颌骨模型）
物种学名：*Dunkleosteus terrelli* (Newberry, 1873)
生活时代：泥盆纪晚期（距今约 3.6 亿年前）
化石产地：美国克利夫兰市
展出位置：中国古动物馆一层“盾皮鱼类”展区
——中国科学院古脊椎动物与古人类研究所——

泰雷尔邓氏鱼下颌骨模型（来源：中国古动物馆）

什么样的史前大鱼会把鲨鱼当点心？答案可能是 3 亿多年前的邓氏鱼！邓氏鱼无疑是盾皮鱼家族中最显赫的一员，它的体长可达 6–7 米，有学者估计其最大体长甚至可达 10 米。邓氏鱼绝对是泥盆纪海洋中的顶级掠食者。

邓氏鱼的头部包裹着坚硬无比的骨质甲片，颌骨强壮，上下颌各有一排令人毛骨悚然的刀刃状利齿。邓氏鱼嘴张开的直径在半米到 1 米之间，捕食的时候，它能在不到 1 秒的时间里快速张开大嘴，把食物吸入口中，然后上下颌对咬，像大铡刀一样把不幸的猎物咬碎，其最大咬合力超过 7400 牛顿（约 755 千克力）。推测邓氏鱼的主要食物是带硬壳的动物，比如节肢动物门的虾蟹、软体动物门的菊石以及其他的盾皮鱼同类。当然，如果遇到软骨鱼类的鲨鱼，它也会毫不留情地捕杀，毕竟那个时期的鲨鱼（如体长 2 米的裂口鲨）的体型比邓氏鱼小了很多。

泰雷尔邓氏鱼1米多长的头骨（来源：维基百科 Wikipedia）

邓氏鱼原来的名字其实叫“恐鱼”，被归入恐鱼科。这也比较好理解——在中生代的陆地上有巨大的恐龙，在古生代的海洋中同样有巨大的恐鱼。1956 年，这种凶猛的盾皮鱼类被赋予了一个新的名字“邓氏鱼”，名字献给时任美国克利夫兰自然历史博物馆古脊椎动物学研究馆员的大卫·邓克尔（David Dunkle）。邓氏鱼目前被归入同名的邓氏鱼科，化石见于北美、欧洲和北非的摩洛哥，曾被命名了至少 10 个种。

新的研究显示，1955 年我国四川发现的乐氏江油鱼也属于邓氏鱼科。另外江油鱼还是我国首次发现的盾皮鱼类化石，由重庆大学地质系乐森璕教授带领学生在江油县实习时发现，因而得名。这一发现曾被载入《中华人民共和国大事记》。

中国古动物馆展出的邓氏鱼黑色下颌骨模型来自美国克利夫兰自然历史博物馆，是 2008 年王原馆长参加北美古脊椎动物学会年会时购买的。当时给参会代表的优惠价格是 99 美元，的确很便宜。因为模型巨大只能手提，过机场安检时不免要向认真负责的警官们解释一番。所幸这件珍贵的模型终于安全运抵中国。克利夫兰市不但是美国摇滚乐和美国职业篮球冠军球队骑士队的故乡，在 3 亿多年前也是凶悍的邓氏鱼畅游的海洋。在那片海洋中，**邓氏鱼毋庸置疑是个顶级杀手，它用强壮的颌骨谱写了有颌脊椎动物的辉煌篇章。**

梦幻鬼鱼

中华旋齿鲨：旋绕的利刃

展品名称：珠峰中华旋齿鲨（牙齿化石）

物种学名：*Sinobelicoprion qomolangma* Zhang, 1974

生活时代：三叠纪早期（距今约 2.4 亿年前）

化石产地：西藏自治区定日县

展出位置：中国古动物馆一层“软骨鱼类和棘鱼类”展区

——中国科学院古脊椎动物与古人类研究所——

珠峰中华旋齿鲨牙齿化石（来源：中国古动物馆）

从 1899 年起各种脑洞大开的旋齿鲨齿旋复原方案。最下图 (*l*) 显示的是最新观点（来源：盖志琨）

有一种脊椎动物，它的牙齿化石很早就被发现了，但这些牙齿怎样安装到动物身上却让科学家们伤透了脑筋！猜猜是什么？没错，是旋齿鲨（猜“牙形虫”[6]的自动进阶为高级读者）！因为旋齿鲨属于软骨鱼类[7]，其身体很难保存为化石，于是把旋齿鲨的牙齿安装到身体哪个部分成为一个不小的科学难题。

长兴中华旋齿鲨 牙齿

中华旋齿鲨是发现于我国浙江、西藏和湖南等地的旋齿鲨类中的一种。旋齿鲨是一类已经灭绝的、奇特的软骨鱼类。它们最突出的特征有两点：第一是在下颌骨愈合部都具有形状独特的齿旋，第二是它们的胸鳍中有非常长的鳍条作为支撑。旋齿鲨类生活在距今 3 亿多年前至 2 亿多年前，是海洋中的凶猛猎手，据推测其最大个体体长超过 12 米。

俄罗斯科学院赠送的贝氏旋齿鲨牙齿模型（来源：中国古动物馆）

由于旋齿鲨是软骨鱼类，所以它们的骨骼很难保存为化石，经常是只保存了牙齿。而那些保存下来的牙齿化石，都是以螺旋状的方式排列。这样“一大卷”牙齿，其功能和使用方式，甚至是牙齿着生的位置，一直让科学家百思不得其解。一种比较常见的复原是认为旋齿鲨的齿旋位于下颌前方正中，并且新长出的牙齿使得齿旋不断向前、向下生长至口腔之外。但这样的生长模式，水对动物的阻力必然很大。另外还有复原在上颌之上，咽喉之中，甚至背鳍上面的各种观点。

旋齿鲨常见的一种复原（来源：维基百科 Wikipedia）

2013 年，美国学者通过 CT 扫描新技术，提出齿旋实际应位于下颌的中线上，占据了几乎整个下颌。当然这种“扎嗓子”的复原方案是否是终极结论，还有待时间的考验。估计除非发现牙齿和动物身体一起保存的特异埋藏类型的标本（如前文所说的牙形虫的情况），否则旋齿鲨的齿旋之谜也会继续下去。

中华旋齿鲨目前发现了三个种：长兴种、巨齿种和珠峰种，前两个种分别发现在浙江长兴县和湖南嘉禾县，时代为二叠纪晚期；珠峰种发现于西藏定日县，时代稍晚些。上述发现显示**珠穆朗玛峰等化石产地在 2 亿多年前都处于海底**。可以想象，当一条无助的海洋软体动物遇到了中华旋齿鲨，被其螺旋状的利齿钩住之后，几乎没有逃脱的可能。大概也正是因为它的凶悍威猛以及生存环境的特殊性，才让旋齿鲨成为距今约 2.5 亿年前二叠纪末生物大灭绝事件（见第 248–249 页）的幸存者之一。

飞鱼：长了“翅膀”的鱼

展品名称：兴义飞鱼（骨骼化石）
物种学名：*Potanichthys xingyiensis* Xu *et al*., 2012
生活时代：三叠纪中期（距今约 2.3 亿年前）
化石产地：贵州省兴义市
展出位置：中国古动物馆一层“辐鳍鱼类”展区

中国科学院古脊椎动物与古人类研究所

兴义飞鱼生态复原图（绘图：吴飞翔）

看过奥斯卡获奖影片《少年派的奇幻漂流》的读者一定对其中一个场景印象深刻：成群的飞鱼飞出水面，铺天盖地袭向主人公。但读者也许不知道，世界最早会飞的鱼其实发现于中国。

飞鱼（又称飞翼鱼）是一类已经灭绝的辐鳍鱼类[8]，生活在中国贵州中生代早期的海洋中，目前仅发现了兴义种一种。兴义飞鱼体长约 15 厘米，形态类似于现代的飞鱼，身体前部的胸鳍宽大，好像一对大翅膀，能借此在水面滑翔很长一段距离。从生存时间上看，2012 年命名的兴义飞鱼和 3 年后命名的精美乌沙鱼都生活在距今约 2.3 亿年前，化石均产自贵州的兴义市乌沙镇。**飞鱼和乌沙鱼代表世界已知最早“会飞”的鱼。**尽管仅仅是滑翔，但这已经代表鱼类演化史中一次重大的革新。

飞鱼的飞行可能与捕食有关，但更可能是为了躲避敌害，因为在三叠纪的海洋中，有鳍龙、鱼龙等各种中生代的海洋爬行动物，它们都是优秀的水中猎手；而兴义飞鱼可能与现代飞鱼一样，是以浮游生物为食的。

兴义飞鱼的化石和骨骼复原图（来源：徐光辉）

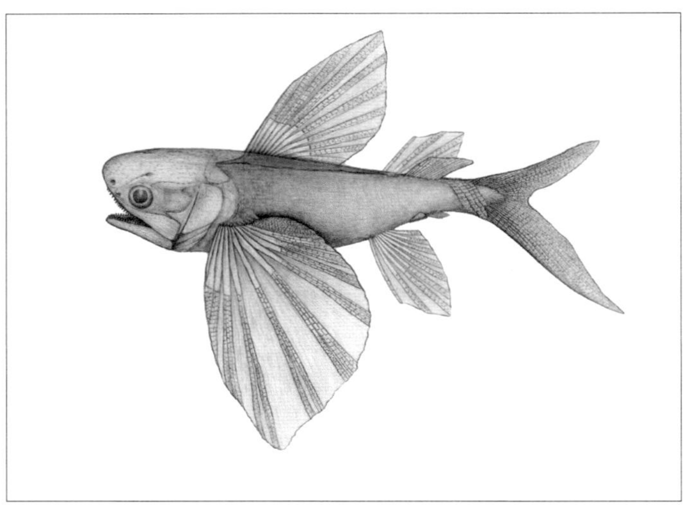

兴义飞鱼复原图（绘图：吴飞翔）

兴义飞鱼与现代的飞鱼亲缘关系较远，它与乌沙鱼同属于肋鳞鱼目胸鳍鱼科，而现代的飞鱼则属于颌针鱼目飞鱼科。在硬骨鱼类4亿多年的演化历史中，水上滑翔机制只出现过两次，分别是2亿多年前的胸鳍鱼科和现代的飞鱼科。这些鱼的胸鳍异常宽大，是飞行的“主翼”，另外它们还有一对较大的腹鳍作为“辅翼”。有趣的是它们的尾鳍分叉很深，而且上下不对称（下叶明显比上叶强壮）。推测这种尾鳍的快速摆动可以产生强大的推力帮助它们跃出水面，然后借助宽大的胸鳍在空中滑翔。

现代飞鱼能以最高70千米/时的速度滑翔，并能利用波浪前缘的上升气流最长滑翔400米。这样的本领的确十分惊人！虽然我们不知道兴义飞鱼的飞行能力有多强，但估计滑翔几十米应该是没有问题的。根据对飞鱼、乌沙鱼等史前飞鱼的研究，中国学者提出了一个“头部特化－尾下叶加长－胸鳍变大－鳞片退化”的演化序列，认为飞鱼类的水上滑翔是逐步演化而成的：首先它们头部特化可以帮助它们生活于上层水域，然后演化出非对称尾鳍以帮助它们从水中弹射出来，进而演化出帮助它们在空中滑翔的大胸鳍，最终鳞片退化使得它们体重减轻以增进滑翔的效能和机动性。

大鳍中华鲟

献文鱼：柴达木盆地干旱的见证

展品名称：伍氏献文鱼（骨骼化石）
物种学名：*Hsianwenia wui* Chang *et al.*, 2008
生活时代：上新世早期（距今约 370 万年前）
化石产地：青海省柴达木盆地
展出位置：中国古动物馆一层“辐鳍鱼类”展区
——中国科学院古脊椎动物与古人类研究所——

伍氏献文鱼化石（来源：中国古动物馆）

吃过鱼的人都知道，鱼类的骨骼纤细，而鱼肉则颇为肥厚。但在史前的柴达木湖中却曾生活着一种逆其道而行之的鱼：它的全身骨骼异常粗大，几乎没有多少空间可供肌肉生长——这就是伍氏献文鱼。伍氏献文鱼属于辐鳍鱼类中鲤科的裂腹鱼亚科，生活在距今三四百万年前的柴达木盆地，它的学名献给了我国著名鱼类学家伍献文院士。

2006 年，美国洛杉矶自然历史博物馆的王晓鸣博士与中国科学院的同行一起，在柴达木盆地的鸭湖寻找化石。他们在上新世的地层中，采集到了许多粗壮的鱼类骨骼化石。化石被带回研究所，交给著名古鱼类学家、中国科学院古脊椎动物与古人类研究所张

伍氏献文鱼　骨骼

弥曼院士研究。当化石修复出来后，大家几乎惊呆了，这条鱼居然全身的骨骼都超常粗大，以致几乎没有多少空间可供肌肉生长。如此“骨感”对一条鱼来说可不是什么好事。缺少肌肉牵引，身体的运动就会受到影响，继而影响到游泳能力。然而它并非特例，因为同一地层中发现的其他鱼类同样有粗大的骨骼。

这是不是鱼类的病理现象呢？根据体型大小，可以判断这些鱼的年龄都在10–15岁间——对于鱼而言，可算得是高寿，并不像是因病致死。就在大家百思不得其解的时候，还是化石鱼类提供了关键线索。法国古生物学家发现，在地中海西西里岛、克里特岛等地，曾经广泛生活着一种小鱼——厚尾秘鳉，这种鱼和献文鱼一样，具有极为粗壮的骨骼，而致使骨骼粗壮的原因，是古地中海由于板块运动在干旱期变成了一片荒漠，导致近岸地区在海水蒸发的过程中，沉淀了大量的碳酸钙和硫酸钙，于是给生活在这里的秘鳉“补多了钙”！这一地中海环境巨变的故事被记录在著名地质学家许靖华的《古海荒漠》一书里。

秘鳉化石的故事给了张弥曼院士很大启发。“柴达木”为蒙古语，意为“盐泽”。盆地地势低洼处广泛分布着盐湖沼泽，地质环境与当时变为盐碱地的古地中海地区比较相似。于是可以想见，水中高浓度的矿物可能就是导致鱼类全身骨骼粗大的重要原因。经过细致的地质调查，张弥曼院士的研究团队终于揭开了伍氏献文鱼的身世之谜。

大约在5000万年前，随着印度板块与欧亚板块靠近、相撞，不断隆升的青藏高原阻断了来自印度洋的水汽，致使青藏高原北部的气候持续变干旱。原本水草丰美的柴达木盆地，慢慢蒸发成了荒漠和大大小小的盐湖。 水越来越咸，伍氏献文鱼还顽强地生活在盐湖中，但它们每天不得不喝着饱含石灰（碳酸钙）和石膏（硫酸钙）的苦咸湖水。在如此“高钙”的环境中，随着年岁的增大，它们的骨骼不断增生，甚至连能长肌肉的地方都很少了。

也许，在柴达木盆地的古盐湖中，伍氏献文鱼是苦苦支撑到最后的一个鱼类家族。在比含有献文鱼化石更古老的地层里，鲤科鱼类的骨骼都是正常的，并没有变粗，而在相对更年轻的地层里，鱼类化石又都全部消失了。可以想见，**献文鱼付出了多少艰辛去适应这种极端环境，它们最终也不幸成为柴达木盆地干旱化的见证者。**

专家讲故事（2）

张弥曼：
中国科学院院士，瑞典皇家科学院外籍院士，中国科学院古脊椎动物与古人类研究所研究员，世界知名古鱼类学家。

扫码听故事

杨氏鱼：改写教科书的古鱼

展品名称：先驱杨氏鱼（放大 20 倍的头骨蜡质模型）
物种学名：*Youngolepis praecursor* Chang et Yu, 1981
生活时代：泥盆纪早期（距今约 4.1 亿年前）
化石产地：云南省曲靖市麒麟区
展出位置：中国古动物馆一层“肉鳍鱼类”展区
——中国科学院古脊椎动物与古人类研究所——

先驱杨氏鱼的蜡质头骨模型（来源：中国古动物馆）

中国古动物馆一层的肉鳍鱼类[9]展区，有一件非常特别的展品。这是个高 50 多厘米的杨氏鱼的巨型头骨模型。与众不同的是，它是一件罕见的蜡质模型，并显示出精细的头骨内部结构。为了安全它被分为两段展示。它是谁做的？为什么会在这里展出呢？

事情要从 50 多年前谈起。1965 年，中国科学院古脊椎动物研究所的张弥曼被选派赴瑞典自然历史博物馆学习，现在已经是中国科学院院士的张弥曼那时还是不到 30 岁的青年古鱼类学者。她研究的领域是肉鳍鱼类。

当时学术界有一种实施过程十分艰苦但广受推崇的研究方法：连续磨片制蜡模法。简单地说，就是把外部骨骼特征并不显著的化石一层层磨掉（每层磨去几十个微米），磨去一层拍照一次，并根据放大的投影，画出化石磨出断面的内部骨骼结构；然后把熔化的蜡倒在图上、压成蜡质薄片，按照图中的断面结构进行细致的切割，最后按顺序把蜡片一层层叠摞起来，构成化石的完整模型。这种方法在现代 CT 技术出现之前，是显示化石内部结构的先进技术。张弥曼把这个技术运用在了杨氏鱼身上。

这个过程是艰辛的，画一张稍微复杂点儿的图需要 10 多个小时。当时她晚上经常只能休息四五个小时。为了清晰地观察标本，需要在化石表面涂抹二甲苯，这种有毒试剂也让她时常感到头晕眼花。终于，张弥曼用 500 多张每张不到 1 毫米厚的蜡模，制作出了这件杨氏鱼头骨的 20 倍放大模型。

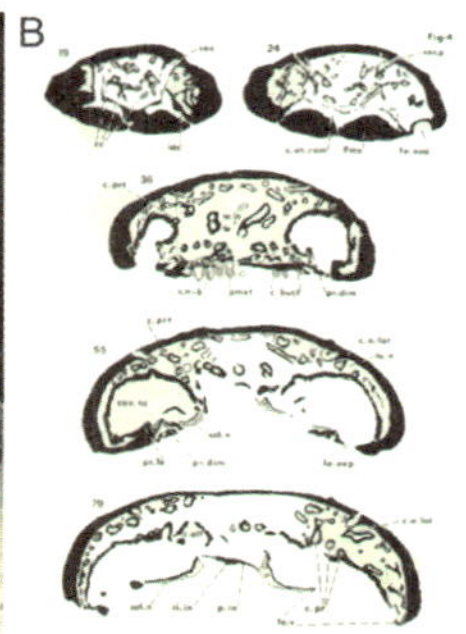

制作蜡质模型的过程、杨氏鱼结构图、头骨化石和模型（来源：张弥曼）

先驱杨氏鱼是个原始的肉鳍鱼类，属名被献给中国古脊椎动物学的奠基人杨锺健先生。种名“先驱”显示它在类群中的原始地位。现在的肉鳍鱼是个很小的类群，只包括两种现生空棘鱼（即拉蒂迈鱼，见后文）和六种现生肺鱼。但在三四亿年前，肉鳍鱼是脊椎动物一个重要的大门类。

通过对放大模型的研究，张弥曼判定杨氏鱼口腔中没有内鼻孔。**这一结论在当时严重动摇了总鳍鱼类是四足动物祖先的地位，被称为是“改写教科书式的重大发现”**，在国际上引起了对四足动物起源和肉鳍鱼类演化方面的热烈讨论和反思。

目前杨氏鱼被认为属于原始的肺鱼形动物，该类的系统位置接近四足动物的起源点。如今我们把这个近乎古董的模型放在展区，也是希望让观众们了解这一曾经先进的技术，了解科学家为探索真理所付出的辛苦与汗水。

2018 年 3 月本书校稿之际，张弥曼院士因其卓越的工作荣获联合国教科文组织“世界杰出女科学家奖”。

专家讲故事（3）

张弥曼：
中国科学院院士，瑞典皇家科学院外籍院士，中国科学院古脊椎动物与古人类研究所研究员，世界知名古鱼类学家。

扫码听故事

先驱杨氏鱼 头骨

拉蒂迈鱼：大洋中的“活化石”

展品名称：楚鲁纳拉蒂迈鱼（福尔马林浸泡标本）
物种学名：*Latimeria chalumnae* Smith, 1939
生活时代：现生
标本产地：非洲科摩罗群岛
展出位置：中国古动物馆一层“肉鳍鱼类”展区
中国科学院古脊椎动物与古人类研究所

楚鲁纳拉蒂迈鱼（来源：中国古动物馆）

拉蒂迈鱼是20世纪极具戏剧性的科学发现之一。1938年12月23日，在南非的东伦敦海港，博物馆馆员马乔里·拉蒂迈小姐（Marjorie Courtenay-Latimer）发现渔民打捞上来一条奇怪的鱼。它的鱼鳍具有肉质的柄，与她过去见过的鱼都不一样。她绘制了草图寄给正在度假的鱼类学家詹姆斯·史密斯（J. L. B. Smith）教授。教授立即辨认出它长得和早已灭绝的化石空棘鱼几乎一模一样，是典型的“活化石”！他马上全球悬赏100英镑，希望找到更多的标本。然而直到14年后，发现于科摩罗群岛的第二条拉蒂迈鱼才进入科学家的视野。那里的渔民很奇怪，为什么科学家会对这样一条“几乎不能吃的鱼”这么感兴趣，这种鱼当地渔民早就知道，偶尔会被误捞上来，对渔民来说没什么价值！

空棘鱼属于肉鳍鱼类，最早的化石见于4.1亿年前的泥盆纪早期地层，过去认为它们到7000万年前的白垩纪晚期就已经灭绝了，如今却突然现身在南非。它穿越了亿万年的时光，仍然生活在这个地球上。为了纪念拉蒂迈小姐的重大贡献，这条鱼被命名为拉蒂迈鱼。自第一条拉蒂迈鱼发现以来，全世界已从印度洋沿岸的非洲中部和南部以及印尼的苏拉威西打捞出200多件拉蒂迈鱼标本。

史密斯教授、拉蒂迈小姐以及发现的第一条拉蒂迈鱼（来源：维基百科 Wikipedia）

在深海中游泳的拉蒂迈鱼（来源：维基百科 Wikipedia）

拉蒂迈鱼有 8 个鱼鳍（2 个背鳍，1 对胸鳍，1 对腹鳍，1 个臀鳍和 1 个尾鳍）。除第一背鳍外，其余 7 个鳍均为肉质的鳍。它的尾鳍形状似矛，故而又得名“矛尾鱼”。其胸鳍和腹鳍内部发育有骨骼，好像四足动物的四肢。于是又有了俗名：“长了胳膊腿的鱼”。中国古动物馆的讲解员们会开玩笑似地介绍说，吃一般鱼的时候，鱼鳍上没什么肉，用嘴嘬一下就扔了；但如果你吃到的是拉蒂迈鱼的鱼鳍，就有啃鸡腿的感觉了（虽然据说它的肉并不好吃）！拉蒂迈鱼不但拥有肉质的鳍，体内还有肺的遗迹，显示从鱼类向陆生四足动物演化的过渡形态。

拉蒂迈鱼是卵胎生的生物，受精卵在体内发育成幼年个体后才被产出（见肉鳍鱼展区的拉蒂迈鱼幼体模型）。成年个体可以活到 80–100 岁，称得上“长寿鱼”啦！学者推测它们可以主动减缓自身新陈代谢速率，沉入深海进入休眠状态，以减少营养消耗。在这种鱼身上，时间仿佛停止了流逝！

拉蒂迈鱼包括两个种：来自非洲的楚鲁纳种（以楚鲁纳河命名，就是根据 1938 年首次发现的材料命名）和来自亚洲印度尼西亚的美娜多种（根据美娜多市命名）。中国已知有 6–7 条来自非洲的拉蒂迈鱼标本，中国古动物馆展出的这条是其中保存最好、最为完整的一条。这件标本是非洲科摩罗政府 1981 年 3 月赠送给我国的珍贵礼物。长 1.65 米，重 65 千克，系 1976 年 4 月 5 日捕获。当时科摩罗政府首脑来华访问，把这件标本作为中非友谊的象征赠送给中国，我国回赠了各种现代化农具。因此馆里的工作人员把它戏称为“用拖拉机换回来的珍贵标本”。如今，它每天面对好奇的观众，默默地展现来自海洋深处的神秘故事。

本章注释

1 无颌类是一类原始的脊椎动物，没有上下颌，大多没有成对的鱼鳍。最早的无颌类以海口鱼为代表，身体柔软、细小；距今三四亿年前，无颌类达到了发展的顶峰，出现了许多身披骨质甲的种类。之后无颌类迅速衰落，现今地球上只剩下盲鳗和七鳃鳗两个类群。

2 在研究命名一个新的生物物种时，研究者会指定一个或一些标本作为鉴定、描述该物种的代表，它们被称为“模式标本”。正型标本是模式标本的一种，它是研究者指定的、最能代表该新物种特征的唯一标本。正型标本世上只有一件，遗失不补，所以极为珍贵。

3 膜质骨是在骨膜中形成的硬骨，比如头顶的顶骨，下颌中的齿骨等。与另一类硬骨——软骨内成骨（如四肢骨骼）的重要差别是，膜质骨的形成过程中不经过软骨阶段。

4 潇湘动物群是生活于距今约4.2亿年前的志留纪晚期的古海洋动物群，因化石发现于云南曲靖市的潇湘水库附近而得名。它包括无颌类（奥泽克刺、长孔盾鱼）、盾皮鱼（宽背志留鱼、初始全颌鱼、长吻麒麟鱼）、棘鱼、硬骨鱼（梦幻鬼鱼、钝齿宏颌鱼、丁氏甲鳞鱼）等丰富的类型，是世界级的志留纪化石宝库。

5 盾皮鱼类是原始的有颌脊椎动物，具偶鳍和成对的鼻孔，因其皮肤下拥有厚重的骨板而得名。初见于志留纪，在泥盆纪称霸水域，但在泥盆纪末除了演化出的软骨鱼和硬骨鱼两个主要支系，其他全部灭绝。传统类群包括节甲鱼类、胴甲鱼类、瓣甲鱼类、褶齿鱼类等。以邓氏鱼为代表的节甲鱼类是泥盆纪的优势类群。

6 牙形虫是一类形似鳗鱼的海洋脊椎动物，体长几厘米到40厘米，生存于5亿多年前的寒武纪早期至约2亿年前的三叠纪末（见第263页）。其微小的牙齿形化石（称“牙形石”或“牙形刺”，一般长0.25–2毫米）早在1856年就被发现于地层中。尽管整个动物体的情况上百年来一直未知，但由于这类化石数量大、演化迅速、全球分布等优势，它们一直被作为全球地层对比的“标准化石”。直到1983年一件同时保存了牙形石和动物体印痕的化石于苏格兰被发现后，才明确这些牙齿形化石原来位于一个鳗形动物的头部，很可能是动物的进食器官。1993年研究者确认牙形虫是无颌类脊椎动物。从上述复杂研究史可知，能了解牙形虫（石/刺）意义的读者绝对是高级读者！

7 软骨鱼类是有颌脊椎动物的一个支系。现生软骨鱼（如鲨和鳐）只有1000多种，因其内骨骼是软骨而得名。软骨鱼很难保存为完整化石，通常只有鳞片和牙齿能保存下来。与软骨鱼亲缘关系密切的一类已经灭绝的史前鱼类叫棘鱼，因每个鱼鳍的前端具有一根骨质的棘刺而得名。棘鱼的头部有一些小型硬骨骨片，推测其可能代表软骨鱼类的原始状态。

8 辐鳍鱼类是硬骨鱼类的一个支系。硬骨鱼可分为辐鳍鱼和肉鳍鱼两大类。辐鳍鱼类包括枝鳍鱼类、软骨硬鳞鱼类和新鳍鱼类等，其鱼鳍具有辐射状排列的、带弹性的鳍条。它们从4亿多年前开始出现，是现今地球上物种多样性最高的脊椎动物（约有3.1万种）。

9 肉鳍鱼类是硬骨鱼类的一个支系，鱼鳍是肉质的叶状鳍，内有硬骨支撑，像胳膊腿一样。最早见于中国的志留纪晚期，不久就演化出空棘鱼、爪齿鱼、肺鱼形动物和四足型动物四大类。泥盆纪的肉鳍鱼类种类繁盛，远超过辐鳍鱼类。但现生狭义的肉鳍鱼类只剩下空棘鱼和肺鱼的几个种。

第二章：登陆的两栖先锋

鱼石螈：长了四条腿的“鱼”

展品名称：史氏鱼石螈（骨架模型）
物种学名：*Ichthyostega stensioei* Säve-Söderbergh, 1932
生活时代：泥盆纪晚期（距今约 3.65 亿年前）
化石产地：格陵兰岛东部
展出位置：中国古动物馆一层“早期四足类和两栖类”展区
——中国科学院古脊椎动物与古人类研究所——

鱼石螈机械骨架模型（来源：中国古动物馆）

在大西洋的北面，靠近北冰洋的地方，有一个巨大的冰雪覆盖的岛屿，它就是世界第一大岛——格陵兰岛。4500 年前，生活在北极圈的人类就已经涉足此地，如今它是丹麦王国的海外领地。我们今天要讲的，却不是北极圈因纽特人的故事，而是生命演化史上一个重大的发现——最早登陆的四足动物[1]——鱼石螈。

1929 年是个重要的年份。这一年中国发现了北京直立人的第一个头盖骨化石（见第 234 页）；而在遥远的格陵兰，瑞典地质学家发现了一批重要的脊椎动物化石，其中就包括鱼石螈的材料。鱼石螈被研究命名时包含四个种，后来都被归并入“史氏种”，种名很自然地献给了瑞典古生物学派创始人埃里克·史天秀（Erik Stensiö），前文提到的张弥曼先生曾在他的手下研究杨氏鱼。

鱼石螈（*Ichthyostega*）名字的原意是“鱼的顶”，因为它的头骨顶部形态与肉鳍鱼相似。鱼石螈的体长约 1 米，体表有细小的鳞片，还有一条鱼形的尾；但它已经长出了四肢，头部能灵活活动，拥有在陆地上行走的能力。它的肋骨也很粗壮膨大，推测能在陆地上协助支撑笨重的身体。拥有这样的过渡形态，难怪鱼石螈会被丹麦人戏称为“长了四条腿的鱼”。

丹麦漫画中的鱼石螈（来源：茨比耐克·罗杰克 Zbynek Roček）

最新研究显示，鱼石螈在陆地上只能用两个前肢同时翻动，带动身体、拖着“没用的”后腿和尾巴，笨拙地爬行，就像现代的弹涂鱼那样。有趣的是，鱼石螈还具有多趾现象——它的后肢有 7 个脚趾（前肢未知），而不是四足动物中常见的 5 个。五趾型四肢是在鱼石螈之后才演化出来的。鱼石螈一般生活在淡水沼泽地带，脚上有蹼，推测它在水中生活的时间多于在陆地上的，而且行动更为自由，只是偶尔才登陆“走”两步。

史氏鱼石螈的头骨化石（摄影：茨比耐克·罗杰克 Zbynek Roček）

脑补一下这个场面：一个肥胖的 7 趾怪螈，拖着后腿在岸上蹒跚而行。这和传统观点中的“最早的陆地征服者”的光辉形象大相径庭！然而，**这是鱼石螈的一小步，却是脊椎动物演化的一大步**。陆地上的生物面貌从此将大不相同！

大事件③

由水登陆

从很多方面看，
人类其实就是超级改进版的鱼。

一群勇敢的鱼终于爬上陆地，开始了崭新的生活，它们也由此改名为「四足动物」。

鱼石螈登陆生态复原图（绘图：李荣山）

在脊椎动物诞生后的1亿多年中，它们还都只能生活在水里。直到距今3亿7千多万年前，一群勇敢的鱼终于爬上陆地，开始了崭新的生活，它们也由此改名为“四足动物”。最早登陆的脊椎动物以格陵兰的鱼石螈为代表，它已经拥有了具趾的四肢，替代了鱼类的鱼鳍。这些早期四足动物的出现表明脊椎动物终于可以逐步摆脱对水的依赖，伺机攻占陆地，从而极大地扩展了其生存空间。

中国有句俗语称“如鱼得水”。但在英语中有一句相反的话叫“如鱼离水”（fish out of water），用来形容身处陌生环境的人。这句话用来形容3亿多年前首次登上陆地的鱼真是再恰当不过了。当一条典型的鱼离开水时，它不仅不能用鳃呼吸，也不能摆动鳍和尾移动身体，甚至不能撑起身体抵抗重力。

但它为什么还要爬上陆地呢？外部环境是个因素，当时正是地球造山运动的重要时期，大片陆地从海中升起，伴随出现了河流、湖泊、沼泽等淡水环境，为脊椎动物登陆提供了基础。当然

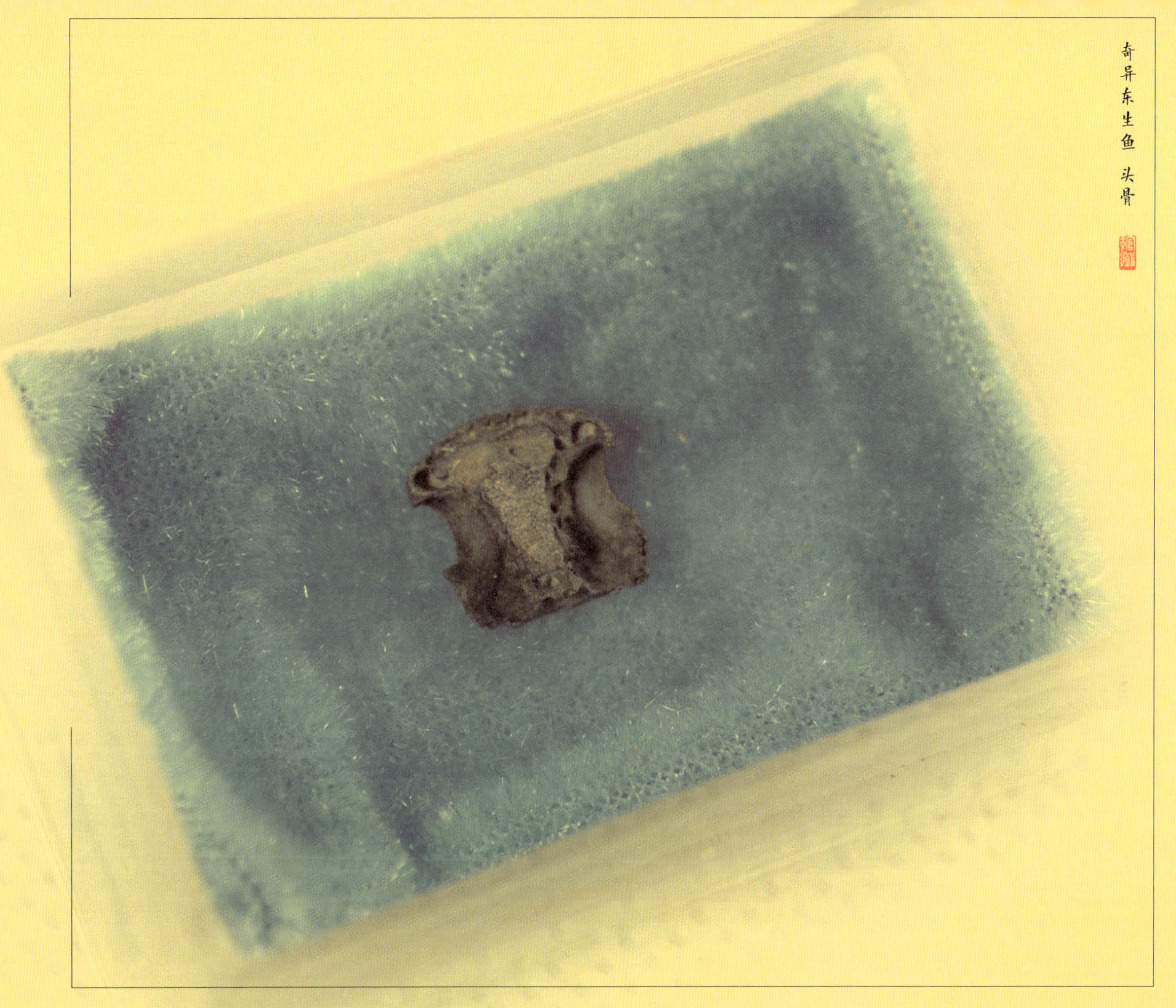

奇异东生鱼 头骨

能够呼吸空气的肺，这是它们开拓陆地疆土时的重要优势。

也有生物自身的原因：任何能够涉足陆地的脊椎动物，哪怕仅仅是短暂的登陆，都能得到相应的奖赏，比如享用已经提前在陆地环境栖息的节肢动物和蠕虫，或者临时逃避水生捕食者的追杀。

“打铁还要自身硬”。那些意欲“捷足先登”的鱼显然已经做好了准备。泥盆纪的肉鳍鱼身上有两个关键特征：强健有力的“肉质的鳍”（而且内部还有骨骼支撑）和能够呼吸空气的肺，这是它们开拓陆地疆土时的重要优势。

于是一些关键“人物”陆续出场，坎氏肯氏鱼的嘴巴豁开了，因为它正把两对外鼻孔中的 1 对向口腔内转移，而内鼻孔是陆地呼吸的基础（能够边吃边呼吸才开心！）；弗氏真掌鳍鱼拥有了内带骨骼的肉质鱼鳍；而罗斯提塔利克鱼甚至可以用胸鳍支撑头和躯干抬离基底。最后是主角登场，具有“创新精神”的鱼石螈迈出了它在陆地上的第一步。

坎氏肯氏鱼生态复原图（绘图：许勇）

谁说人类的出现不是由于 3 亿多年前的鱼勇敢登陆的结果呢？**从很多方面看，人类其实就是超级改进版的鱼**：我们用“腹鳍”四处行走，用“胸鳍”翻动书页，就像你现在正在做的这样！

最后提个有趣的问题：鱼身上成对的鱼鳍有几对？仔细想想……没错，是两对！因为它们会演变成我们的胳膊和腿；如果我们的鱼祖先有 3 对鱼鳍，那么人类现在就要在腰间多长出一对胳膊了。这就是演化的法则。

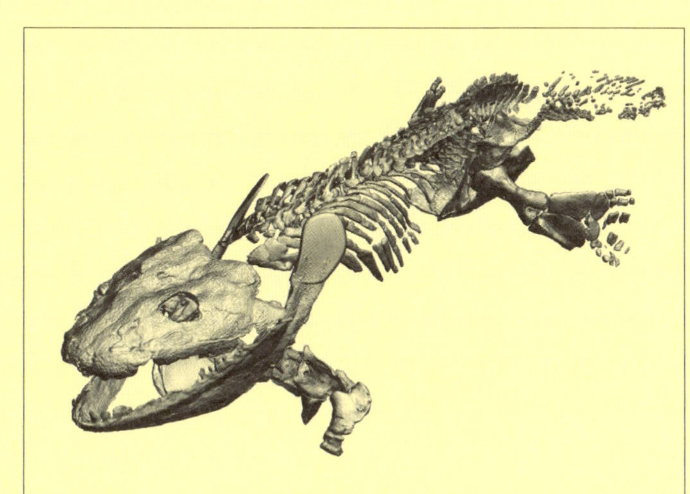

鱼石螈骨骼最新的 3D 复原（来源：斯蒂芬尼·皮尔斯 Stephanie Pierce）

中国螈：中国最早的四足动物

展品名称：潘氏中国螈（下颌骨化石）
物种学名：*Sinostega pani* Zhu et Ahlberg, 2002
生活时代：泥盆纪晚期（距今约 3.6 亿年前）
化石产地：宁夏回族自治区中宁县
展出位置：中国古动物馆一层“早期四足类和两栖类”展区
——中国科学院古脊椎动物与古人类研究所——

潘氏中国螈下颌骨化石（来源：中国古动物馆）

曾经有一件重要的古生物化石，它混杂在其他化石中，迟迟没有露出“庐山真面目”，直到一位专门研究这个门类的学者沙里淘金，把它识别了出来——这就是潘氏中国螈的化石。

20 世纪 90 年代，中国学者一直在宁夏中部地区寻找生活在 3 亿多年前的古鱼化石。经过艰苦的野外工作，大量的鱼化石被采集回来。化石修复师在科研人员的指导下，一点点地修复这些标本。一个偶然机会，其中一件只有 7 厘米长的、破损的下颌骨化石引起了来访的瑞典古生物学家佩尔・阿尔伯格博士（Per Ahlberg）的注意。巧合的是，他是一位研究早期四足动物的专家。

这件化石后来被命名为潘氏中国螈，它的下颌骨虽然残破，但显示了早期四足动物的一些重要特征，比如麦氏软骨（下颌中的主要软骨成分）不骨化，前关节骨（靠近下颌后部的一个膜质骨）上的小齿状突起集中在其顶端狭窄的带状区域等。此前在中国乃至亚洲都从未发现过如此早的四足动物，这无疑是个重大的发现！中国螈的种名献给了在宁夏泥盆纪生物地层研究中做出突出贡献的中国地质博物馆潘江教授。

前面已经说到，从鱼类到四足动物的“由水登陆”转变是脊椎动物演化史中一次重要的革新。泥盆纪晚期，格陵兰生活着早期四足动物的代表鱼石螈和棘石螈[2]（它们也是广义的两栖动物），而世界的其他地方，同时期还生活着其他鱼石螈类的动物，比如美国的海纳螈、俄罗斯的图拉螈、拉脱维亚的文塔螈和澳大利亚的变额螈等。在稍早的地质时期，还有苏格兰的埃尔金螈和拉脱维亚的奥氏螈等。

由于早期的四足动物与它们的肉鳍鱼类祖先形态十分相似，所以有不少动物的化石最初被误归入了肉鳍鱼类，比如埃尔金螈、文塔螈等；后经深入的研究才揭示了它们原始四足动物的真实身份。中国螈的发现则表明，**当最早的四足动物在地球各地蹒跚学步时，中国的中宁生物群[3]中也出现了其古老的代表**，从而开启了两栖类在中国大地上3亿多年的演化历史。

潘氏中国螈生态复原图（绘图：楚步澜 Brian Choo）

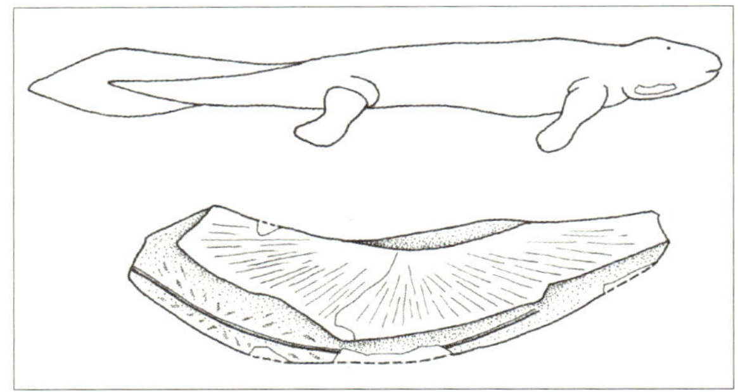

潘氏中国螈的身体示意图（上）和下颌骨复原图（下）（绘图：黄金玲）

中宁生物群中的鸿鱼（体长可达1.5米）伏击了一群宁夏鱼（绘图：楚步澜 Brian Choo）

非常奇怪的是，古老的中国螈昙花一现之后，四足动物在中国突然消失了！至少在化石记录中没有保存下来。而这一消失就是7500万年，直到距今2.9亿年前的二叠纪早期，它们的化石才重新出现在我国的新疆（如乌鲁木齐的六道湾乌鲁木齐鲵），不久又出现于甘肃（如玉门大山口[4]的石油似卡玛螈、走廊泰齿螈、祁连兄弟螈）二叠纪中期和河南（如济源的中国毕氏螈）二叠纪晚期的地层中。这7000多万年中发生了什么，现在还不得而知。

奇异热河螈

初螈：中生代的娃娃鱼

展品名称：天义初螈（骨骼化石）
物种学名：*Chunerpeton tianyiensis* Gao et Shubin, 2003
生活时代：侏罗纪中晚期（距今约 1.6 亿年前）
化石产地：河北省青龙满族自治县
展出位置：中国古动物馆一层“早期四足类和两栖类”展区

中国科学院古脊椎动物与古人类研究所

天义初螈化石（来源：中国古动物馆）

你去逛花鸟市场时，有时会听到“小娃娃鱼”的叫卖声。其实卖家是在忽悠你呢：这些黑背橘腹的小动物并不是娃娃鱼（而是东方蝾螈）；当然了，娃娃鱼也不是鱼，而是一种两栖动物。根据国际知名两栖类网站（http://amphibiaweb.org/）的最新统计，我国（含台湾岛）目前有 465 种现生两栖动物（其中蛙类 387 种、蝾螈类 77 种、蚓螈类 1 种）。蝾螈类（也称“有尾类”）中就包括我国特有的大鲵，因为“声如小儿啼”而被民间俗称为“娃娃鱼”。然而这是个显著的误传，娃娃鱼是不会发声的。

人工饲养的大鲵（来源：王原）

大鲵是世界现生最大的两栖动物(体长可达2米)，也是位“寿星老”。捷克查理大学保存着我国1953年赠送的一尾大鲵，体长1.6米，寿至48岁。中国大鲵的现生亲戚是日本大鲵和美国的隐鳃鲵，同属于隐鳃鲵科，是一类非常原始的有尾类。大鲵的幼体用外鳃呼吸，长大后外鳃消失，改用肺呼吸。它们一般栖息在清澈溪流旁的岩石洞穴中，采取守株待兔的伏击方式，捕食鱼虾蛙蛇等任何进入领地又“大小合适”的动物。

我国有一种生活在1.6亿年前的史前有尾类——天义初螈（意为“初始”的蝾螈），是大鲵的中生代祖先，因而被称为“中生代的娃娃鱼”。但已知最大的初螈体长只有40多厘米，比起大鲵真是“小巫见大巫”了。初螈还有一个显著的特征，即无论个体大小，都保留有3对外鳃（其中有骨质的鳃耙作为支撑）。**保留外鳃是初螈终生水生的直接证据。**

天义初螈头后外鳃的特写（来源：中国古动物馆）

初螈的分布较广除了命名地内蒙古宁城县外，还发现于辽宁凌源、建平、建昌以及邻近的河北青龙等地。研究显示它们都属于一个种——天义种（天义是宁城县的古称），是我国已知分布最广的中生代有尾类，对划分对比地层具有一定的意义。

关于初螈还有两项有趣的研究。2011 年中国报道了两种保存了胃中食物残骸的侏罗纪有尾类（天义初螈和奇异热河螈）。其中初螈的食物是一类叫中华燕辽划蝽的水生昆虫。这是世界上首次报道中生代有尾类的胃容物。另一项是 2015 年在辽宁建平的初螈中，发现了多肢和多趾的现象：有的初螈有三条后腿，有的竟然有 8 个脚趾（正常数目是前肢 4 指，后肢 5 趾）。这是生物和环境因素造成的肢体再生异常现象，说明这一发现于现生两栖动物中的发育机制早在遥远的恐龙时代就已经建立起来了。

8 个脚趾的天义初螈（来源：王原）

专家讲故事（4）

王原：
中国科学院古脊椎动物与古人类研究所研究员，中国古动物馆馆长，古两栖爬行动物专家。

扫码听故事

辽蟾：恐龙时代的古蛙

展品名称：赵氏辽蟾（立体骨骼化石）
物种学名：*Liaobatrachus zhaoi* Dong *et al*., 2013
生活时代：白垩纪早期（距今约 1.25 亿年前）
化石产地：辽宁省北票市
展出位置：中国古动物馆一层“早期四足类和两栖类”展区
中国科学院古脊椎动物与古人类研究所

赵氏辽蟾化石（来源：中国古动物馆）

恐龙生活的时代有青蛙吗？当然有，这些小动物在地球上的出现可是比恐龙还早呢！蛙类是现生两栖动物中最大的类群（蛙类占 88%，蝾螈类占 9%，蚓螈类占3%）。蛙类的发育存在一个显著的“变态过程”：它们的幼体有尾巴，在水中生活，用鳃呼吸，称为“蝌蚪”；而成年之后长出四条腿，尾巴消失，用肺呼吸，更加适应陆地生活。这也是两栖动物（amphibian）名称的由来（amphi 是两个，bi 是生命），也就是说这类动物有两种生命阶段。

最早的蛙类出现在三叠纪早期约 2.5 亿年前，比最早的恐龙还要早 2000 万年。但那时的蛙类称为“原无尾类”，与现生蛙类最显著的不同，是在成年时保留尾巴，代表如马达加斯加的三叠蟾。它们的荐前椎[5]数量也比较多（14 个），身体显得稍微长一些，而后腿相对较短，所以跳跃能力显然不如现代蛙类。在大约 2 亿年前，原无尾类的尾巴在演化中消失，出现了真正的无尾类，如美国的前跳蟾和阿根廷的韦氏蟾。

也许你注意到这些早期无尾类都被称为某某“蟾”

而不是某某“蛙”。为什么呢？现代的青蛙和蟾蜍具有两种非常不同的肩带骨骼[6]结构，分别称为固胸型和弧胸型肩带；其外貌也大相径庭，青蛙一般皮肤光滑、拥有一双适合跳跃的“大长腿”，而蟾蜍的体表疙疙瘩瘩的（所以被称为癞蛤蟆），跳跃能力也较差。那些早期的蛙类跳跃能力较差，且都具有与蟾蜍相似的弧胸型肩带，所以中文一般译为某某“蟾”。**由此看来，在地质记录中蟾比蛙出现得更早**，所以请大家别小瞧了这些“癞蛤蟆”！

四具保存在一起的赵氏辽蟾骨骼化石（摄影：阿里尔德·哈根 Arild Hagen）

中国最早的蛙类是发现于辽宁的赵氏辽蟾。辽蟾生活在1亿多年前。它拥有9个荐前椎（比现代蛙类多1个）、3对自由肋以及较短的后腿，显示出原始的特征。目前辽蟾属包含4个种，葛氏种、北票种、细弱种以及2013年命名的赵氏种，后者的种名被敬献给我国著名两栖爬行动物学家赵尔宓院士。1999年命名的我国著名的中生代蛙类三燕丽蟾后来被归入了葛氏辽蟾。

在赵氏辽蟾的正型标本上，还保存着另外三只更年轻的个体，它们都被归入了这个种。四只古蛙同时保存在一块岩石中，这的确是比较罕见的现象。推测它们是被突如其来的火山泥石流快速掩埋在一起的。难得的是，它们的骨骼没有被冲散，而是呈立体状态，保存得十分精美。这真是大自然留给古生物学家最珍贵的礼物！

王原：
中国科学院古脊椎动物与古人类研究所研究员，中国古动物馆馆长，古两栖爬行动物专家。

扫码听故事

IVPP
宝山格尼蟾
IVPP
V 20782A

本章注释

1　四足动物即长了四肢的脊椎动物，包括两栖类、爬行类、鸟类和哺乳类；3 亿多年前由泥盆纪的肉鳍鱼类演化而来，是最早登上陆地的脊椎动物。鱼石螈等早期四足动物也被称为“广义的两栖动物”。而现生（狭义）两栖类的皮肤裸露无骨板、鳞片，包括成年无尾的蛙类（如林蛙、蟾蜍）、终生有尾的蝾螈类（如大鲵）以及罕见且无足的蚓螈类（如鱼螈）。

2　棘石螈是一种鱼石螈类早期四足动物，生活在距今 3.65 亿年前的东格陵兰；体长约 60 厘米，具有 8 个具蹼的手指（脚趾数未知），似乎比鱼石螈更加适应于水中生活。国内曾有媒体将它的拉丁学名 *Acanthostega* 翻译为“棘螈”，但这个中文译名已经被一类现生的蝾螈（*Echinotriton*）（如镇海棘螈）先占，所以本书建议应仿照鱼石螈，将其译为“棘石螈”。

3　中宁生物群是生活在距今约 3.6 亿年前的泥盆纪晚期的淡水古生物群，因化石发现于宁夏中宁地区而得名。过去发现了盾皮鱼（宁夏鱼、桨鳞鱼、中华鱼）和古植物（亚鳞木、薄皮木）等化石。近年来因发现原始四足动物（中国螈）及其近亲（如 2017 年 9 月刚刚研究命名的大型肉鳍鱼类——周氏鸿鱼）而引起世人的极大关注。

4　甘肃玉门的大山口动物群是我国二叠纪陆生动物群的重要代表，其中出现了离片椎类、石炭蜥类、波罗蜥类、大鼻龙类等多个陆生脊椎动物类群的成员。而玉门中华猎兽、大山口珍稀兽等下孔类动物的发现更是引人瞩目，因为它们被称为“二叠纪的兽族”，其支系将向哺乳动物的方向演化（见第五章）。

5　荐前椎指荐椎（位于腰部的脊椎，在蛙类中只有 1 个）之前的脊椎骨。荐前椎的数目是蛙类分类的一个重要依据。一般来说，数目越多说明这种蛙类越原始。

6　肩带骨骼是连接前肢和脊柱的一系列骨骼，在蛙类中，从胸前到肩膀后，包括胸骨（有时是软骨状态）、乌喙骨、锁骨、肩胛骨、匙骨和上肩胛骨等。

第三章：爬行动物的世界

齿龟：世界最原始的龟

展品名称：半甲齿龟（骨骼化石）
物种学名：*Odontochelys semitestacea* Li *et al*., 2008
生活时代：三叠纪晚期（距今约 2.2 亿年前）
化石产地：贵州省关岭布依族苗族自治县
展出位置：中国古动物馆二层“龟鳖类”展区
中国科学院古脊椎动物与古人类研究所

半甲齿龟化石（来源：中国古动物馆）

很多小朋友都养过龟，这种爬起来慢吞吞的家伙在后背和肚子外都长出甲壳，受到惊吓时可以把头、尾及四肢缩回龟壳内，非常有趣。然而在科学家们眼里，龟可是地球上极怪异的脊椎动物之一！

除鱼类之外，所有脊椎动物（如人、鸟等）的身体模式都是相同的，躯干连接四肢的关系极为相似，但龟的结构完全不同。龟壳里面是内脏，而它的脊椎、肋骨等都长在甲壳之中，就好比人的心脏、肺部长在肋骨外面一样地诡异。因此，如果龟类已经灭绝，没有留下现生种类的话，我们推测龟是来自外星的生物，都似乎在情理之中。龟为什么如此卓尔不群？它们的装甲是怎样形成的？这是中外研究者一直希望破解的谜团。

圓陆龟

根据化石证据，龟从2亿多年前出现到现在，样子基本就没变过！以前占主导的一种说法认为，龟甲是由皮肤中的小骨板演化而成的。按照这种理论，龟类祖先的皮肤里先出现一些小的骨板（类似鳄鱼的皮肤）；这些小骨板不断扩大，融合成若干较大的骨板；同时，背侧的大骨板下沉到内骨骼上部，与脊椎和肋骨愈合形成背甲。与之相对的理论则认为，龟类先出现了腹甲，然后椎骨和肋骨加大加宽形成背甲。

直到2008年，半甲齿龟的发现终于解开了这一谜题。半甲齿龟是生活在2.2亿年前的贵州关岭生物群[1]中的一员。与现在的龟不同，这个“最古老”的龟长着牙齿（现在的龟没有牙，只有喙），背部的甲壳也不完整，只有腹面的甲壳完全形成，因此得名半甲齿龟。这一过渡物种向我们证明，随着椎骨和肋骨的扩展，龟甲是自下而上形成的，而不是来自皮肤。**半甲齿龟在龟类中的地位就如同鸟类中的始祖鸟，是物种演化过程中罕见的中间过渡环节**。那么齿龟为什么会先长出腹甲呢？根据目前发现，龟类起源于水生环境，推测腹甲可以防御柔软的腹部遭到其他水生动物攻击，因此便先于背甲形成。

在距今2.5亿年前的三叠纪早期，中国北方的塔里木—华北地块与西伯利亚地块连为一体，成为陆相沉积区，而中国南部仍是一片浅海，是发育广泛的海相沉积。于是我国三叠纪时期形成了著名的“南海北陆”的古地理格局。北方的脊椎动物主要为陆生，如副肯氏兽、西域肯氏兽、山西鳄等；而南方的脊椎动物主要是海生的混鱼龙、齿龟、恐头龙、中华空棘鱼等。

半甲齿龟生态复原图（绘图：马兰·多耐莉 Marlene Donnelly）

专家讲故事（6）

李淳：
中国科学院古脊椎动物与古人类研究所研究员，古海洋爬行动物专家。

扫码听故事

大事件④
羊膜卵的出现

针对"先有鸡还是先有蛋"的经典难题，古生物学者的回答是："先有蛋"！

现代的爬行动物、鸟类和哺乳动物的胚胎外都有羊膜，所以它们同属于羊膜动物。

先有鸡还是先有蛋？

“先有鸡还是先有蛋”？这是一个充满禅意的经典难题。如果说先有鸡，那么鸡从哪里来的？如果说先有蛋，那么蛋是谁下的？看似无解，但古生物学家却有他们自己独特的答案。

在古生物学家眼中，蛋是一种“羊膜卵”。比如鸡蛋就是一个典型的羊膜卵。鸡蛋中的小鸡胚胎的外面包裹着一层重要的保护膜——羊膜，羊膜卵也因此而得名。羊膜里有羊水，小鸡胚胎漂浮其中，羊膜能有效地防止水分的挥发。除了羊膜外，鸡蛋中还有绒毛膜、卵黄膜、尿囊膜等一系列的膜系统以及最外面的蛋壳，为小鸡胚胎提供营养和额外的保护。这样的羊膜卵能产在陆地上，而不用像鱼卵、蛙卵那样必须产在水里或湿润的环境中。现代的爬行动物、鸟类和哺乳动物的胚胎外都有羊膜，所以它们同属于羊膜动物。

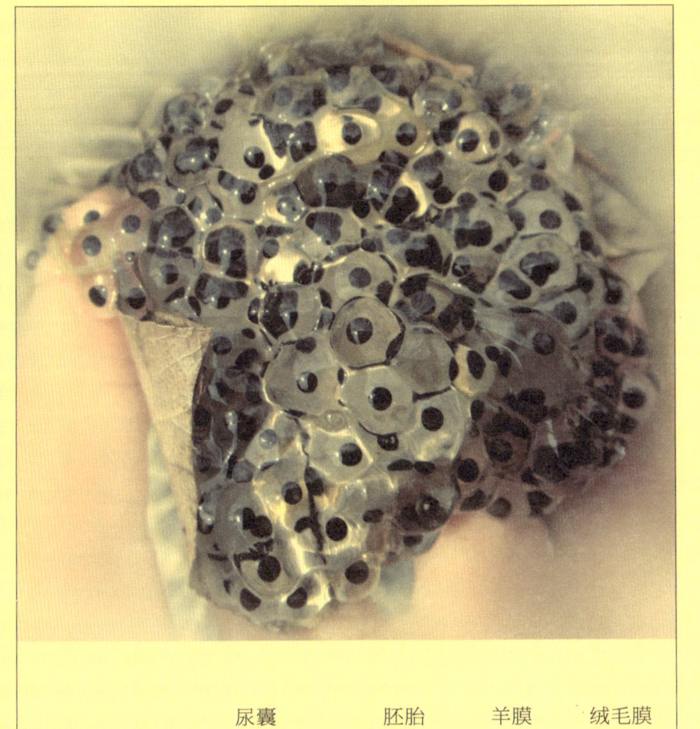

蛙卵与鸡蛋（来源：《征程：从鱼到人的生命之旅》第 80 和 81 页）

从生理学的角度，羊膜卵保留在母体内直到接近孵化，减少了卵暴露在外的时间；而且这种卵的精致结构，使得胚胎吸取氧气和排出二氧化碳的同时，还能保持水分和营养的供应。羊膜卵因此成为一项关键的演化革新，使脊椎动物在演化的历程中能够进军到更为干燥的陆地地区，让四足动物在陆地上真正站稳了脚跟。

距今约3亿年前的石炭纪晚期，能产下羊膜卵的动物首次出现在地球上，它们是最早的爬行动物，一些看起来像蜥蜴一样的小动物，如加拿大的莱氏林蜥。但或许由于它们的卵是软壳卵，或许是由于埋藏条件的原因，早期的羊膜卵并没能保存为化石。

天山哈密翼龙的卵和骨骼（来源：汪筱林）

「先有鸡还是先有蛋」？古生物学家却有他们自己独特的答案。

化石记录中最早的羊膜卵是蜥脚型类[2]的恐龙蛋，出现在2亿年前的三叠纪和侏罗纪交界时期，代表如南非大椎龙和中国禄丰龙的蛋化石。2.8亿年前的二叠纪早期，一种称为中龙的水生爬行动物保存了化石胚胎，但是没有蛋壳。

再来看看鸡的演化。鸡属于鸟类，世界已知最早的鸟类——德国的印版石始祖鸟[3]生活在距今约1.5亿年前。而最早的鸡形类出现得更晚些，在距今八九千万年前才出现在地球上。所以古生物学的证据清晰地表明，卵——即使是羊膜卵——在地质时间上远早于任何似“鸡”的动物。

所以，**针对“先有鸡还是先有蛋”的经典难题，古生物学者的回答是：“先有蛋”！**

南雄龟：史前的巨龟

展品名称：乌迳南雄龟（骨骼化石）
物种学名：*Nanhsiungchelys wuchingensis* Yeh, 1966
生活时代：白垩纪晚期（距今约 7000 万年前）
化石产地：广东省南雄市
展出位置：中国古动物馆二层“龟鳖类”展区
——中国科学院古脊椎动物与古人类研究所——

乌迳南雄龟化石（来源：中国古动物馆）

达尔文曾经在南美洲加拉帕戈斯群岛观察过巨大的象龟，并从不同岛屿与大陆上象龟的差别意识到物种的可变性。这些生活在热带的巨型陆龟身长能超过 1 米，走起路来慢慢悠悠，温文尔雅。中国的现代陆龟中没有如此大体型的种类，但**在恐龙称霸余晖的中生代末期，有一种史前巨龟曾生活在中国的南方**。

乌迳南雄龟是生活在白垩纪晚期的一种巨型龟类，因为化石产自广东省南雄市乌迳镇而得名。保存在一起的还有窃蛋龙类和鸭嘴龙类恐龙以及许多恐龙蛋化石。这是终结“恐龙帝国”的白垩纪末大灭绝之前，在南雄盆地最后的化石遗存。

南雄龟的体型巨大，已知最大个体体长可达 1.5 米。它有一条长长的脖子和突出的吻部。虽然长着长脖子，看上去很像现在的水生龟类，然而从化石结构来看，它口腔上方的次生腭不能完全覆盖内鼻孔、四肢短粗、趾骨宽短、爪子粗壮，这意味着它不可能是一种游泳很好的动物，而比较可能是一种陆生或至多半水生的龟类。

龟鳖目可以分为两大类，这在中国古动物馆宠物角养着的两种现生龟类中有所体现。这是两只从澳大利亚引进的奇特淡水龟类，长着长脖子的是长颈龟，鼻子多肉像猪鼻一样的叫猪鼻龟。这两个小家伙不仅长得各有特色，而且脖子回缩和弯曲的方式完全不同。长颈龟的脖子是沿水平方向向两侧弯曲回缩，而猪鼻龟的脖子则是沿着垂直方向“S”型上下弯曲回缩。脖子的回缩和弯曲方式是现生龟鳖类分类的重要特征，它们分别属于龟鳖目下面两个不同的亚目——侧颈龟亚目和曲颈龟亚目（又称隐颈龟亚目）。南雄龟是一种曲颈龟类。

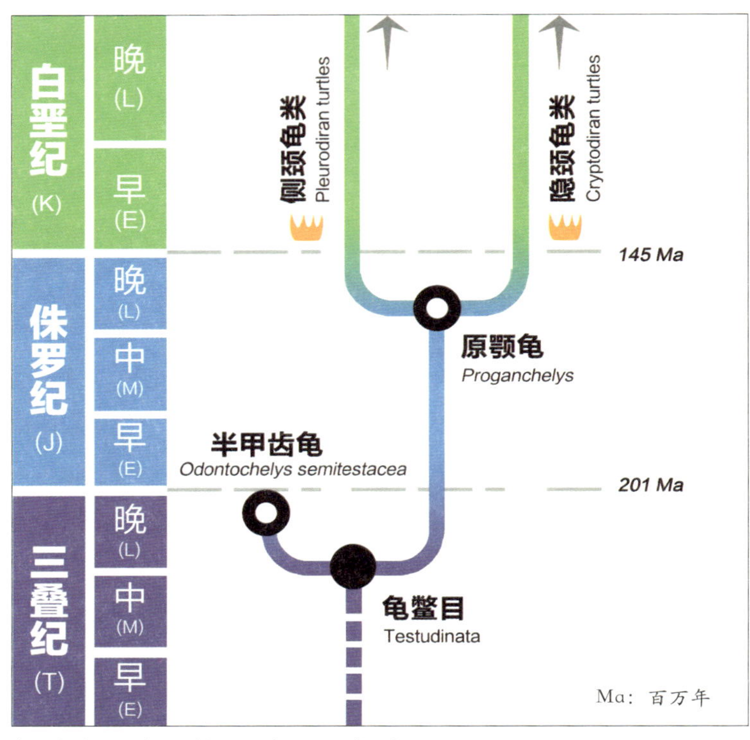

龟鳖类演化分支图（来源：中国古动物馆）

龟鳖类属于爬行动物。爬行动物根据颞孔（也称“颞窝”，是负责开闭上下颌的肌肉附着区）的数量和位置可以分为三大类：无孔类（如大鼻龙类）、双孔类（如已经灭绝的恐龙、翼龙、蛇颈龙以及有现生代表的龟鳖类、鳄类、有鳞类、喙头类）和下孔类（如盘龙类、兽孔类等似哺乳爬行动物）。哺乳动物就是从下孔类爬行动物中演化出来的。而之所以叫下孔类（颞孔位于鳞骨和眶后骨下方），是因为古生物学家还曾分出一类调孔类（颞孔位于鳞骨和眶后骨上方），比如水生爬行动物中的鱼龙和蛇颈龙就有这样的颞孔特征。但后来研究认为这一类是由双孔类爬行动物失去下颞孔演化而来的（颞孔退化在双孔类爬行动物中十分普遍，比如蜥蜴已经退化到只有一个颞孔，而蛇类中两个颞孔都消失了），而且这些调孔类有着不同的演化支系，因此这个分类单元已经被摒弃了。值得说明的是，龟鳖类曾被归入无孔类，但目前认为它们是演化后期失去颞孔的、特化的双孔类。

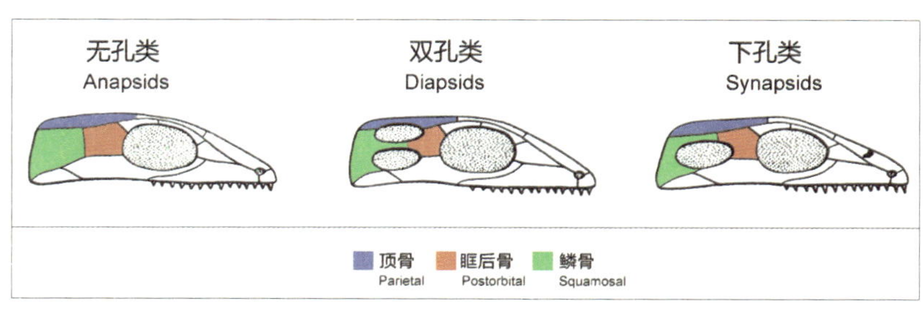

爬行类的头骨类型示意图（来源：中国古动物馆）

辽西鄂尔多斯龟

喜马拉雅鱼龙：见证西藏的海陆变迁

展品名称：西藏喜马拉雅鱼龙（颌骨和椎体化石等）

物种学名：*Himalayasaurus tibetensis* Dong, 1972

生活时代：三叠纪晚期（距今约 2.1 亿年前）

化石产地：西藏自治区聂拉木县

展出位置：中国古动物馆二层“海生爬行动物”展区

——中国科学院古脊椎动物与古人类研究所——

西藏喜马拉雅鱼龙化石（来源：中国古动物馆）

今日的喜马拉雅山白雪皑皑，异峰突起；山麓地带则森林茂密，郁郁葱葱。但在 2 亿多年前，那里却是波涛汹涌、一望无际的海洋，而且与欧洲的古地中海相通。发现于青藏高原海拔 4800 米高处的喜马拉雅鱼龙化石就是这一海陆变迁事件的重要见证者。

20 世纪 60 年代，中国学者对珠穆朗玛峰地区先后进行过两次大规模的科考活动，就在聂拉木县土隆地区 4800 米的高山上，发现了后来被命名为西藏喜马拉雅鱼龙的颌骨、肢骨和椎骨化石。它显然代表一种大型的鱼龙。

鱼龙最早由英国著名的“化石猎人”玛丽·安宁（Mary Anning）发现于英吉利海峡的峭壁上，这类海洋爬行动物最早出现于 2.45 亿年前的三叠纪早期。法国古生物学家乔治·居维叶（Georges Cuvier）形容这类奇特的生物“有着海豚的吻部、鳄鱼的牙齿、蜥蜴的头和胸骨、鲸的四肢以及鱼类的脊椎”。

喜马拉雅鱼龙生活在 2.1 亿年前的三叠纪晚期。它的身体呈流线型，推测体长超过 15 米，四肢已经演化成桨状鳍，非常适合游泳。又尖又长的嘴巴里面长满了独特的具有锋利边缘的扁锥状牙齿，脑袋两侧还

多板砾甲龟龙 头骨和头后骨骼

长有大大的眼睛，适于深海中采光。鱼雷状的躯体，看上去与海豚和鲸非常相似。如此庞大的体型，也显示着它是当之无愧的顶级猎手。在分类上，喜马拉雅鱼龙属于萨斯特鱼龙科，该科以拥有大型鱼龙为代表，比如北美洲著名的肖尼鱼龙。

喜马拉雅鱼龙的发现再一次证明，当今的世界屋脊——喜马拉雅山在 2 亿年前还是一片汪洋大海。而早在 1924 年，探险家诺埃尔·奥德尔（Noel Odell）就在珠穆朗玛峰的岩石里发现过海洋化石。和喜马拉雅鱼龙一起被发现的，还有菊石、双壳、海百合等海洋无脊椎动物化石。

西藏喜马拉雅鱼龙生态复原图（绘图：李荣山）

距今约 4.5 亿年前，青藏高原地区就是一片大海——古特提斯洋。它的北边是劳亚大陆，包括现在的亚洲、欧洲和北美洲，南边是冈瓦纳大陆，包括了现在的非洲、南美洲、南极洲、澳大利亚、印度、阿拉伯等地。从中生代起，冈瓦纳大陆就逐渐开始解体，印度洋和南大西洋大幅扩张，导致印度板块与澳大利亚和南极洲分离，非洲与南美洲分离。印度板块逐渐向北漂移。在距今约 5000 多万年前，印度板块与欧亚大陆发生会聚碰撞。这一系列变化造成了剧烈的构造运动，特提斯洋壳受到强烈的挤压，不断发生褶皱断裂和上升，使得喜马拉雅地区全部露出海面，最终特提斯洋全面消失，整个高原地区的海洋史也宣告结束。

最早的鱼龙发现者——化石猎人玛丽·安宁（来源：维基百科 Wikipedia）

大事件⑤

重返海洋

这就是动物的生存法则："吃"到食物、"争"过同类、"躲"开敌害、"生"下后代。

三亿多年前，它们中的一支——四足动物登上了陆地，然而登陆过后仅仅两三千万年，一些四足动物就「后悔」了，「觉得」还是海里更好，于是重新回到了海洋。

很多小朋友包括他们的父母都看过日本系列动画片《机器猫》。无论主人公大雄遇到什么困难，来自未来世界的猫型机器人哆啦 A 梦都能从它的百宝袋中掏出一个神奇的道具，帮他度过难关。2006 年，剧场版的《大雄的恐龙》上映，再一次引起了公众对恐龙的关注。然而一名古生物学者的第一反应肯定是——“大雄的恐龙根本不是恐龙呀！”

《大雄的恐龙》剧照（来源：维基百科 Wikipedia）

看了这张剧照我们就会发现，这只“恐龙”长了长长的脖子以及像桨一样的四肢。它显然不是中生代的陆地霸主恐龙，而是一只蛇颈龙。蛇颈龙是一种海洋爬行动物，它们不是恐龙，也不能像鱼类那样在水中用鳃呼吸。5 亿多年前，脊椎动物最初诞生于海洋；3 亿多年前，它们中的一支——四足动物登上了陆地，开始用肺呼吸，并用四足取代了鱼鳍；然而登陆过后仅仅两三千万年，一些四足动物就“后悔”了，“觉得”还是海里更好，于是重新回到了海洋。

生活在二叠纪早期约 2.8 亿年前的中龙是最早回到水中生存的爬行动物，它们的尾部变得侧扁且更高，可以更强劲地划水；它们的吻部很长，长满尖利、细长的牙齿，构成了专为鱼类和海洋无脊椎动物铺设的陷阱；它们的手脚有蹼，或许能像方向舵一般发挥作用。中龙属于一个被称为“副爬行动物”的演化支系，该支系的大部分成员都是陆生动物，但中龙却像是一个古生代的叛逆青年，走上了一条完全不同的道路。

中龙复原图（来源：维基百科 Wikipedia）

新的研究显示，中龙可能只是进入内陆的咸水湖中生活，而非海洋。然而在它的“煽动”之下，各种爬行动物陆续进入咸水湖乃至海洋，直到中生代达到鼎盛。它们被统称为“中生代的海怪”，当恐龙统治陆地、翼龙翱翔天空时，它们占领了海洋。除了蛇颈龙外，还有它的升级版，有着大号头骨的恐怖的上龙、更适合深海生活的大眼睛的鱼龙、凶猛的海生蜥蜴沧龙、脖子超级长的原龙、尖吻长尾的海龙，以及外形似龟的楯齿龙等诸多类群。而它们也不乏后继者，同属于爬行动物的海鳄、海鬣蜥、海龟，鸟类中的企鹅以及哺乳动物中的鳍脚类和鲸都是踏上重返海洋征程的代表。

这么多类脊椎动物像得了“爱海症”一般，义无反顾地重返海洋，无惧运动、呼吸和生殖方面的重重困难——原来适应于陆地的腿要变成鳍状肢；每隔一段时间就要升到水面呼吸空气；而原来适应于陆地的羊膜卵在水中反而成了累赘，只能爬上岸去产卵（如海龟），或者在水中直接产下活仔（如鱼龙、鲸）。

水中产仔的鱼龙（来源：维基百科 Wikipedia）

这其中的奥秘大概与当初的脊椎动物登陆之旅遥相呼应：石炭纪的脊椎动物为了能让自己捕食陆生的节肢动物，同时避开水生的竞争者和捕食者而登上陆地；若干年之后，那些石炭纪之后的羊膜动物同样可以为了吃到“海鲜”，并避开陆生的敌人而返回海洋。**这就是动物的生存法则：“吃”到食物、“争”过同类、“躲”开敌害、“生”下后代**。重返海洋无疑是它们艰难但正确的选择！

大凌河蜥：泥石流的殉难者

展品名称：长趾大凌河蜥（群体骨骼化石）
物种学名：*Dalingbosaurus longidigitus* Ji, 1998
生活时代：白垩纪早期（距今约 1.25 亿年前）
化石产地：辽宁省北票市
展出位置：中国古动物馆二层“蛇与蜥”展区
——中国科学院古脊椎动物与古人类研究所——

长趾大凌河蜥群体化石（来源：中国古动物馆）

这是一个震撼的场面，16 只大大小小的蜥蜴化石被集体掩埋在一块直径不到 30 厘米，厚度不到 3 厘米的岩块中，很多蜥蜴的骨骼都残缺不全。到底发生了什么情况？

这场悲剧的主角名叫“长趾大凌河蜥”。大凌河是辽宁省西部最大的河流，全长近 400 千米，是东北极为古老和最负盛名的水系之一。大凌河蜥因化石首先发现于该河流域而得名。至于它的种名，反映了它的一个重要特点：后肢的脚趾非常长。

大凌河蜥属于中生代的有鳞类[4]，生活在距今 1.25 亿年前的白垩纪早期。它的正型标本是 1998 年被描述命名的，当时只有头后骨骼，显示这种蜥蜴具有长而纤细的后足和长尾巴。2005 年的一项研究首次揭示了大凌河蜥的头骨形态，它具有疱状的头骨雕饰，下颌骨上还有一个膨大的隅骨突起。另外，**纤细的脚趾和脚爪显示大凌河蜥可能是个爬树的高手。**

陆方中国蚓蜥

立体保存的长趾大凌河蜥头骨化石（来源：中国古动物馆）

2007年一件特殊的标本横空出世。在一块淡绿色富含火山灰的粉砂质泥岩中，保存了16只大凌河蜥的立体骨骼，其中三个较大，代表亚成年个体，其他的从刚刚孵化到年龄稍大的幼体，处于不同的发育阶段（推测1–2岁）。骨架混杂在一起，多数腹面朝上，有的骨架残缺较多。研究者认为这可能代表了大凌河蜥群居的习性，并复原了这样的场景：

在一个大雨滂沱的夜晚（坏事似乎总是在晚上发生），一窝蜥蜴被从巢穴中冲了出来。不幸的是，它们遇到了因火山爆发而引发的泥石流，随即被黏着的泥流裹挟着冲到了附近一个浅水区，全部溺水而亡。尸体在原地腐烂，又沉到水底被富含火山灰的细泥掩埋。

它们是一家子吗？它们聚在一起是为了躲避可怕的火山喷发吗？还有很多的疑问有待回答……

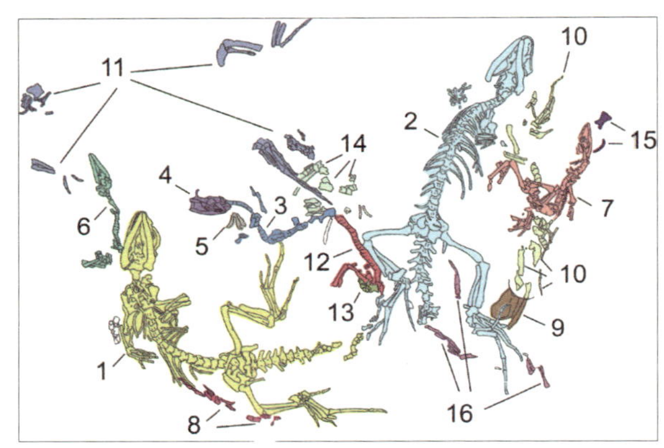

长趾大凌河蜥群体埋藏示意图（绘图：董丽萍）

专家讲故事（7）

王原：
中国科学院古脊椎动物与古人类研究所研究员，中国古动物馆馆长，古两栖爬行动物专家。

扫码听故事

山西鳄：中生代的隐蔽杀手

展品名称：山西山西鳄（骨架化石）
物种学名：*Shansisuchus shansisuchus* Young, 1964
生活时代：三叠纪中期（距今约 2.4 亿年前）
化石产地：山西省武乡县
展出位置：中国古动物馆二层“鳄类及其远亲”展区
中国科学院古脊椎动物与古人类研究所

山西山西鳄骨骼化石（来源：中国古动物馆）

中国古动物馆二层有一个长着大脑袋的原始爬行动物，它就是 2 亿多年前生活在山西武乡的引鳄类[5]——山西山西鳄。山西山西鳄的种名和属名都来自化石产地山西省，这让一些不了解情况的观众以为展牌上的“山西山西鳄”写错了，其实这并非无意义的重复。山西鳄是由我国古脊椎动物学之父杨锺健院士研究命名的，是和非洲的引鳄、俄罗斯和新疆的武氏鳄类似的陆生猎食性爬行动物。它的体型较大，通常可达 3 米以上，头部的长度占体长的 1/5。

山西鳄最特殊的结构是它巨大的头部上有两个眶前孔，这可能用以减轻头骨的重量。狭长头骨上较小的鼻孔和硕大的眼眶似乎在告诉我们，**这个猎手曾拥有发达的视觉，但它的嗅觉似乎不那么灵敏。**装架标本上看不到山西鳄的牙齿，但千万别以为它是瘪嘴的老妈妈，从一些化石标本上保留的牙齿及齿槽来看，山西鳄可是拥有上下多达 30 枚“香蕉牙”的猛兽！强壮的下颌长着槽生、边缘带锯齿的尖牙，再参考现生鳄鱼的强劲咬合力，这张血盆大口可不容小觑。

山西山西鳄复原雕塑（制作：王宇）

山西山西鳄生态复原图（绘图：赵闯）

山西鳄的名字里虽然有鳄，但它却不是真正的鳄类，而属于引鳄类。这是爬行动物的主要支系——主龙型类的一个原始分支。在经历了地球历史上最大规模的生命大灭绝——二叠纪末的生命大灭绝之后，爬行动物的时代——中生代刚刚来临的时候，占据了地球历史舞台的还不是恐龙，而是这些原始的主龙型类，比如古鳄类、引鳄类等。山西鳄过去被归入假鳄类，代表在真正的鳄类出现之前的原始鳄形动物。因为假鳄类不是自然类群，所以目前已经很少使用这个名词。

现代鳄类的直接祖先——早期鳄型类则是在三叠纪晚期才出现在地球上。它们从主龙类演化而来，而主龙类的另一分支则演化成了翼龙和恐龙（合称“鸟蹠类”）。早期的原鳄类都是陆生的，随后演化出的中鳄类出现水生类型，甚至是海生（如海鳄）。比较进步的真鳄类主要是半水生动物。鳄类见证了中生代恐龙的兴盛，逃过了白垩纪末的大灭绝，目睹了哺乳动物的兴起和人类的成长，现在仍是重要的爬行动物成员。

鳄类总给人一种十分凶残的印象，回顾它们的演化历史，的确出现过许多凶狠的肉食鳄鱼，比如体长超过 10 米的帝王鳄（非洲）和恐鳄（美洲），它们都是中生代早期的“隐蔽杀手”，但也有长鼻北碚鳄这种捕鱼捞虾的鳄类和许多植食鳄类，如马达加斯加白垩纪晚期的狮鼻鳄，因此鳄类在演化过程中也辐射出了各种各样的习性和食性。现生的鳄类也是如此，既有“杀人不眨眼”的湾鳄、尼罗鳄，也有性情温和的鳄鱼，比如我国的一级保护动物扬子鳄，它们主要以鱼虾为食。

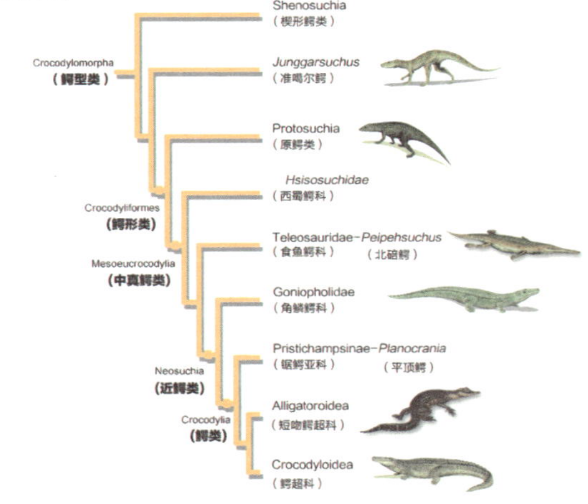

鳄型动物演化分支图（来源：中国古动物馆）

中国武氏鳄 头骨

准噶尔翼龙：中国最早命名的翼龙

展品名称：魏氏准噶尔翼龙（立体骨骼化石）
物种学名：*Dsungaripterus weii* Young, 1964
生活时代：白垩纪早期（距今约1亿年前）
化石产地：新疆维吾尔自治区克拉玛依市
展出位置：中国古动物馆二层“翼龙类”展区
——中国科学院古脊椎动物与古人类研究所——

魏氏准噶尔翼龙化石（来源：中国古动物馆）

1963年夏天，一支考察队在新疆准噶尔盆地进行野外考察，任务是寻找无脊椎动物化石，为石油勘探提供线索。黄昏时突然风沙大作，考察队员魏景明躲到了一棵榆树下，一低头，却在身边一条被雨水冲刷过的小沟里发现了一块白色的肢骨化石！他顺沟往前走，又发现了几块肢骨化石。令他感到诗别的是，这几块肢骨化石非常轻薄，明显不同于常见的恐龙化石。

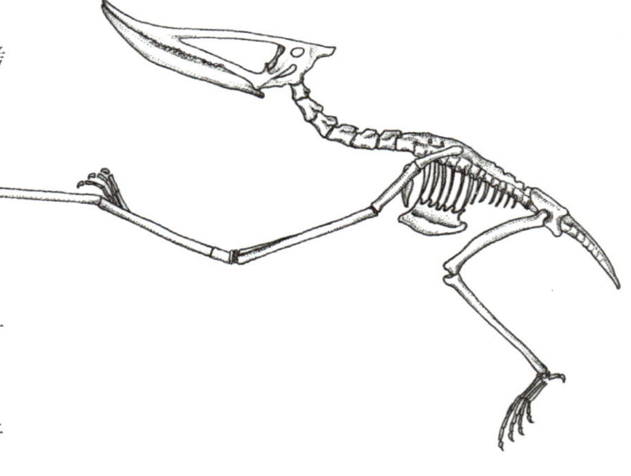

准噶尔翼龙骨骼复原图（绘图：黄金玲）

玲珑塔达尔文翼龙

化石很快运到北京，送到了中国古脊椎动物学奠基人杨锺健先生手中。他在看到这批标本后非常兴奋，很快识别出它们代表一个翼龙的新属种。为了致谢发现者，最终定名为魏氏准噶尔翼龙，这是中国正式命名的第一种翼龙。准噶尔翼龙两翼展开可达 5 米。它的眼眶很大（视觉发达），嘴的前部向上翘起且没有牙齿，推测靠捕食湖中的鱼虾及软体动物为生。生活在白垩纪的早期的准噶尔翼龙也填补了翼龙演化在侏罗纪和白垩纪晚期之间的空白。

作为脊椎动物中最早的空中霸主，翼龙最早出现在 2.3 亿年前的三叠纪晚期，比鸟类早 8000 万年飞上蓝天。翼龙一般生活于海边、湖泊旁，多数以昆虫或鱼虾为食。它的主要飞行结构是有一对皮膜构成的翅膀，依附在前肢大大延长了的第四指上。除此之外，翼龙身体各部分的结构也都适应了飞行生活，如骨壁薄、牙齿逐渐消失等。

在翼龙的演化过程中，可以分为原始的喙嘴龙类和进步的翼手龙类两大类。喙嘴龙一般体型较小，拥有长长的尾巴（仅蛙嘴翼龙例外）；翼手龙体型范围较大，尾巴较短，演化后期出现大量体型巨大、无齿的类型，且多有头饰。头饰为翼龙头部的骨质脊冠，具有性别展示、空气动力平衡、散热、种间标识等功能。

这两大类翼龙之间的演化关系是什么样的呢？近年来在我国辽西地区发现了一类新的翼龙——悟空翼龙，它同时具有喙嘴龙（尾巴和第五趾较长）和翼手龙（鼻眶前孔愈合）的特征，代表两大类翼龙之间的过渡环节，为翼龙演化研究提供了极其重要的资料。目前悟空翼龙类共发现了 5 个种，中国古动物馆展出的李氏悟空翼龙和玲珑塔达尔文翼龙都是其重要成员。同柜展出的喙嘴龙类——宁城热河翼龙则是中国首件长“毛”的翼龙，研究者因此推测翼龙可能属于温血动物。

李氏悟空翼龙化石（来源：汪筱林）

专家讲故事（8）

汪筱林：
中国科学院古脊椎动物与古人类研究所研究员，巴西科学院通讯院士，翼龙专家。

扫码听故事

大事件⑥

飞上蓝天

在距今 2 亿多年前的三叠纪晚期，
翼龙成为地球上最早会飞的脊椎动物

翼龙比鸟类还要早八千万年飞上了蓝天，从而极大地拓展了脊椎动物的生存领域。

宁城热河翼龙生态复原图（来源：汪筱林）

很多人把翼龙称为“会飞的恐龙”。其实翼龙根本就不是恐龙，它们与恐龙拥有不同的身体结构，最显著的区别在于翅膀。翼龙的皮膜状翅膀由手臂骨骼以及伸长的第四根手指支撑。翼龙也因此被戏称为“用无名指统治天空”。但翼龙与恐龙算是近亲，

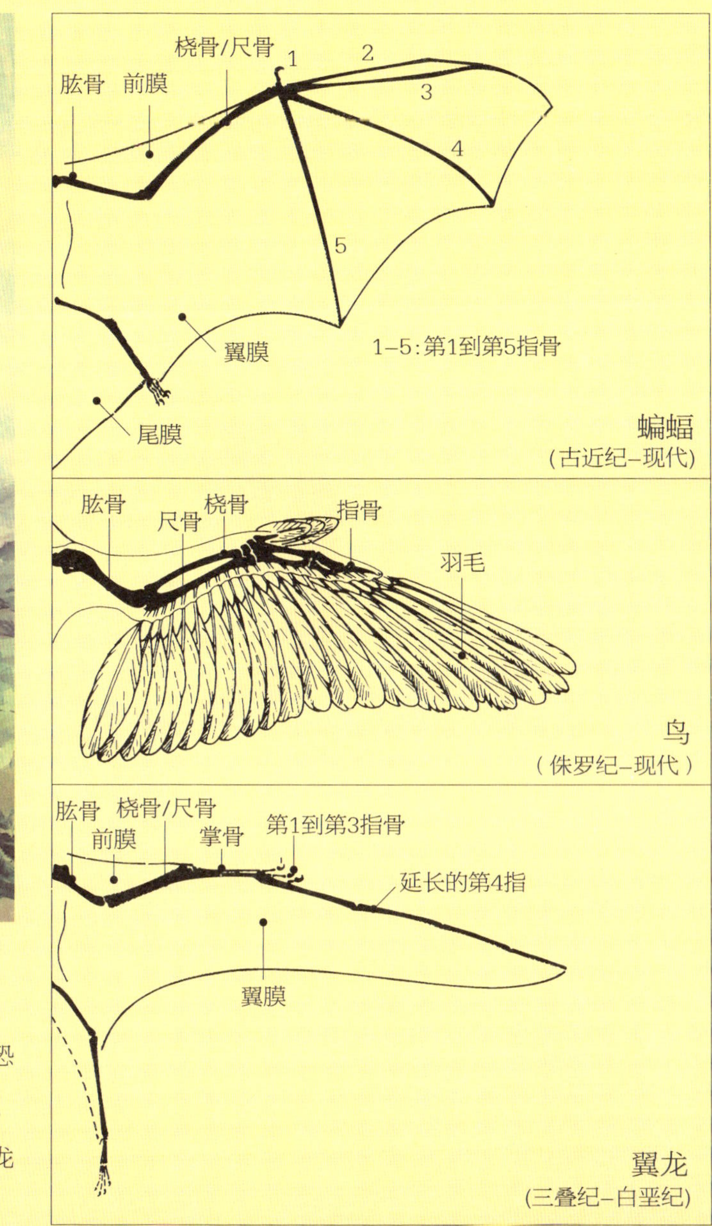

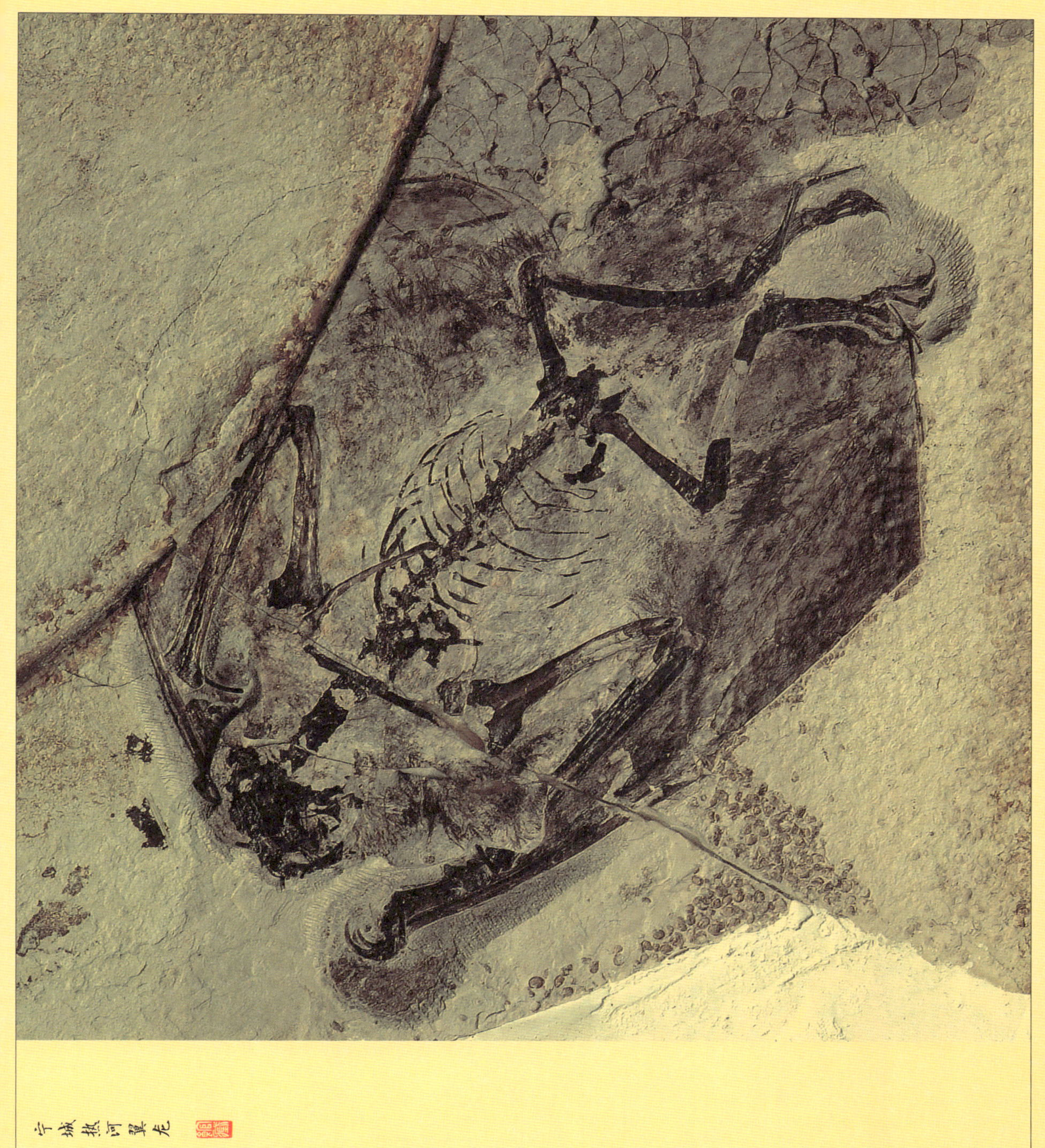

宁城热河翼龙

在脊椎动物演化的历史中，真正的飞行只出现过三次，分别是在翼龙、鸟类和蝙蝠中。

它们都属于双孔类爬行动物中的主龙类，这类动物的现生代表是鳄类和鸟类。

在距今2亿多年前的三叠纪晚期，翼龙成为地球上最早会飞的脊椎动物（典型代表如意大利的真双型齿翼龙），比鸟类还要早8000万年飞上了蓝天，从而极大地拓展了脊椎动物的生存领域。

任何一种动物的飞行需要两种力：升力和推力。前者垂直向上并能抵消强大的地球引力，后者方向水平，能使动物向某个指定方向前进。在脊椎动物演化的历史中，真正的飞行只出现过三次，分别是在翼龙、鸟类和蝙蝠中。它们都是通过扇动翅膀飞行，但翅膀的结构各有不同。简单地说，翼龙和蝙蝠的翅膀是翼膜，鸟类是用羽毛飞行。而蝙蝠的手指伸到了翼膜中，这点与翼龙翅膀不同。

很多其他的脊椎动物都掌握“稍差些的飞行艺术”——滑翔。它们利用某种空气动力平面，可以像纸飞机一样穿过空气，而这些平面本身不能因扇动而产生升力和推力，所以不可避免地会逐渐降低高度直至落下。这些动物的形态差别也很大。现代啮齿动物鼯鼠通过身体两侧与前后肢相连的皮肤滑翔。皮翼动物鼯猴和有袋动物袋鼯也都采用相似的方式。而飞蜥科的德拉科蜥的滑翔依靠的是细长的肋骨所支撑的侧膜。树蛙可以通过巨大的脚蹼在林间滑翔，飞鱼可以通过鳍在水面上滑翔，金花蛇也可以通过使身体扁平化、从树上跃入空中而开始滑翔。

然而，有持续动力的振翅飞行完全是另外一个级别的成就。这需要强壮的肌肉、轻盈的身体（如多孔的骨骼）和较高的新陈代谢水平。有人戏称飞行就是“把自己扔到空中而不掉下来”，我们人类通过自己的经验知道，这的确是个了不起的成就！

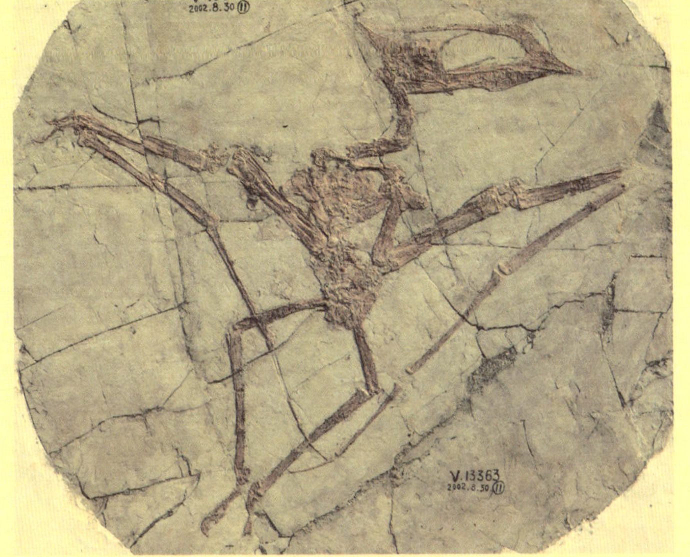

董氏中国翼龙化石（来源：中国古动物馆）

在翼龙统治天空的中生代，一些恐龙已经生出了羽翼，用不同于翼龙的方式开始了滑翔和飞行的实验（见后文），它们的后代鸟类也已经成为中生代天空中的娇客。翼龙没能熬过白垩纪末的大灭绝，而鸟类终于成为新生代天空中的主人。但鸟类对天空的绝对控制权只享受了一段短暂的时间，就迎来了蝙蝠的挑战。

上述三类会飞的脊椎动物为不会飞的人类提供了一个关于“演化之伟力”的很好范例：在生物演化的过程中，解决一个特定的问题只需重复找到相似的答案即可，而并不需要找到完全相同的答案。翼龙的方案或许并不完美，但毕竟迈出了脊椎动物征服蓝天的征程中开创性的一步。

翼龙胚胎：翼龙产卵的证据

展品名称：翼龙胚胎（骨骼和蛋化石）
物种学名：Pterosaur embryo skeleton in egg
生活时代：白垩纪早期（距今约 1.2 亿年前）
化石产地：辽宁省朝阳市
展出位置：中国古动物馆一层“热河生物群”展区
中国科学院古脊椎动物与古人类研究所

翼龙胚胎化石（摄影：阿里尔德·哈根 Arild Hagen）

由于飞行的需要，翼龙的骨骼非常纤细、轻薄，因而很难保存为化石。在世界范围内翼龙化石都十分稀少。最早的研究者甚至认为翼龙的长臂是用于在海上像桨一样划水的。翼龙研究者们经历了很长时间才对这一神秘的物种有了一定的了解。比翼龙骨骼化石更加罕见的是翼龙蛋和胚胎化石。翼龙是卵生的还是卵胎生的？翼龙蛋长什么样，圆形的还是长形的？翼龙蛋究竟有多大？它们是像鸟蛋那样硬壳的还是类似有些爬行动物蛋那样是软壳的？

2004 年，中国科学院古脊椎动物与古人类研究所汪筱林和周忠和在**英国 *Nature* 杂志报道了世界上首枚翼龙蛋及胚胎化石，直接证明翼龙是卵生的。**这件标本发现于辽西义县金刚山距今约 1.21 亿年前的湖相页岩中，一具黑色的胚胎骨骼蜷缩在蛋中，呈二维压扁的状态保存。毫无疑问，胚胎属于翼龙，因为它的翼掌骨和第 4 指加长（用于支撑翼膜），且肱骨具有发达的三角肌脊（可附着强大的用于飞行的肌肉）；此刻小翼龙的翼展约 27 厘米。小翼龙的骨骼特征显示这是一种翼手龙类，也是生存于白垩纪早期的热河生物群的成员。难得的是，标本也保存了具有乳突状结构的部分蛋壳，预示着这枚蛋可能是硬壳的。如此完整精美的化石保存在灰色页岩中，证明这枚发育了胚胎的翼龙蛋是被迅速埋藏在深湖静水环境中的。

有趣的是，在这枚含胚胎的翼龙蛋旁边，还保存了一条小狼鳍鱼。没想到翼龙与它的猎物就这样被埋藏在了一起。这只小翼龙不幸夭折在即将孵化之前。但幸运的是，它被科学家们发现，成为破解 100 多年来翼龙生殖之谜的关键证据。

迄今为止，全世界一共报道了 11 枚翼龙蛋化石——有些蛋中保存有胚胎，有的与产蛋的母体共生。其中 9 枚来自中国，包括在我国辽西热河生物群 2 枚（翼手龙类），燕辽生物群 2 枚（悟空翼龙类），新疆哈密翼龙动物群 5 枚（天山哈密翼龙），以及在阿根廷发现 2 枚（南方翼龙）。哈密和阿根廷的翼龙蛋是三维立体保存的。但目前发现的翼龙胚胎骨骼都以二维形式，压扁保存在蛋中。上述翼龙蛋与胚胎的发现为古生物学家全面了解翼龙的生殖行为和个体发育等提供了重要的化石材料。

世界上第一枚翼龙蛋与胚胎的复原图（绘图：张宗达）

就在本书完稿之际，2017 年 11 月 30 日，汪筱林带领的研究团队在美国 *Science* 杂志报道了新疆哈密戈壁发现的一件 200 多枚蛋化石和成体骨骼化石保存在一起的珍贵标本！其中竟有 16 枚蛋中含有三维立体的胚胎化石，这是世界上首次发现三维的翼龙胚胎。标本不但揭示了一个史前翼龙的伊甸园，还首次证明翼龙宝宝刚出生后就具有地面行走能力，但还不会飞行，可能需要父母的照顾或喂食。

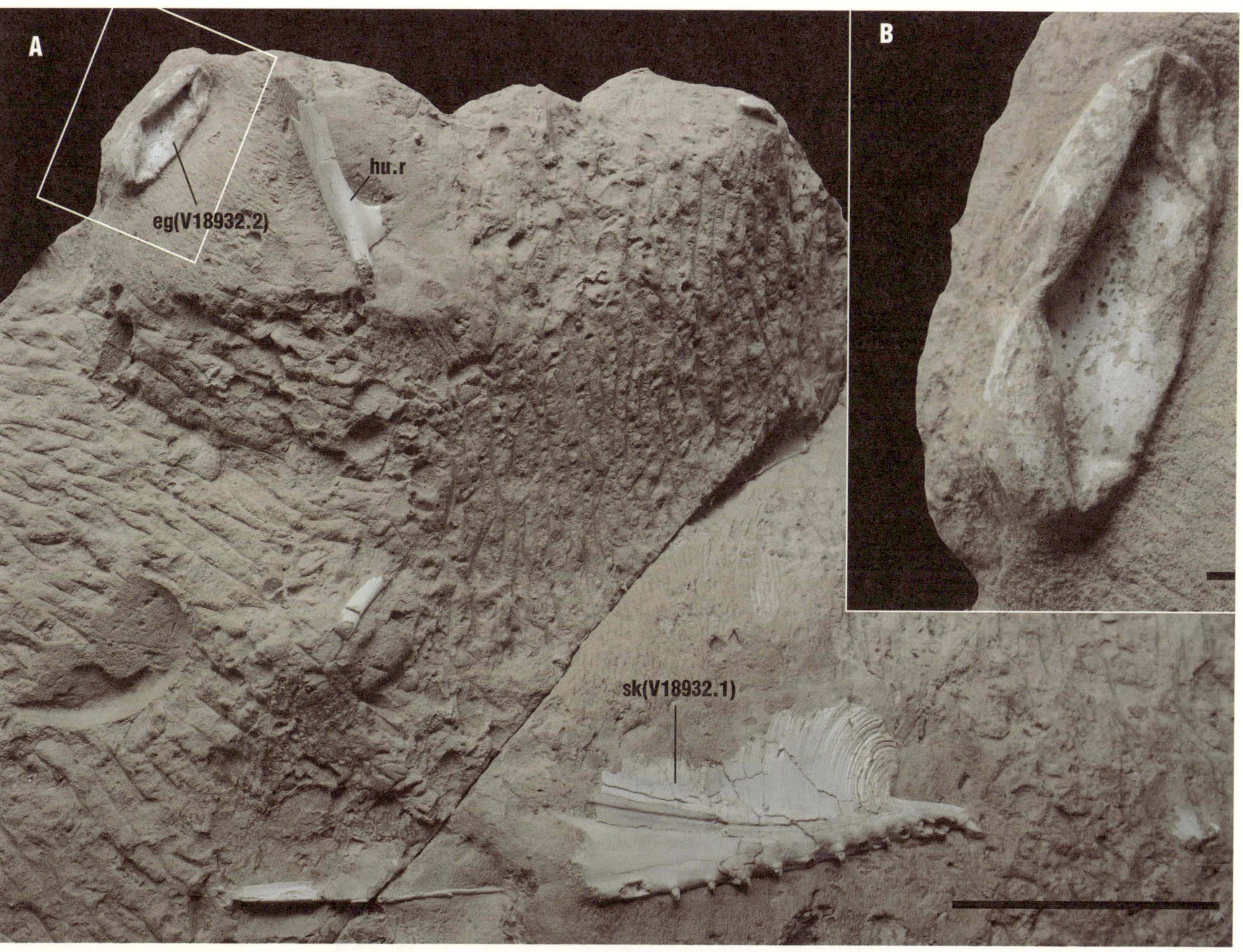

天山哈密翼龙骨骼和三维保存的蛋化石（来源：汪筱林）

禄丰龙：中国第一龙

展品名称：许氏禄丰龙（骨架化石）
物种学名：*Lufengosaurus huenei* Young, 1941
生活时代：侏罗纪早期（距今约 2 亿年前）
化石产地：云南省禄丰县
展出位置：中国古动物馆二层“恐龙走廊”展区
——中国科学院古脊椎动物与古人类研究所——

许氏禄丰龙骨架化石（来源：中国古动物馆）

在中国古动物馆二层，恐龙走廊的第一位就是许氏禄丰龙的骨架。禄丰龙属于早期蜥脚型类恐龙，身高 2 米多，长得并不高大威猛，但它却是中国古动物馆馆的镇馆之宝。为什么有这样的殊荣呢？因为它有三个“之最”！

第一，它是中国最早装架的恐龙。抗日战争期间，中国地质古生物学者开始了颠沛流离但仍然孜孜不倦的科研生涯。1938 年地质学家卞美年在云南禄丰发现了一只恐龙的部分骨架，次年中国古生物学家杨锺健先生（见 104 页“科学家丰碑”）组织了对该恐龙的正式发掘。1941 年，杨锺健将其研究命名为许氏禄丰龙，随后该恐龙在抗战时的首都——重庆的北碚进行了装架和展览。这是第一具由中国学者自己发掘、研究和装架的恐龙。

许氏禄丰龙生态复原图（绘图：赵闯）

在战火纷飞的年代寻找恐龙，可以想象学者们要付出的艰辛。在此之前中国的恐龙化石都是由外国人发掘和研究的，比如被运到俄罗斯圣彼得堡地质博物馆的黑龙江满洲龙骨架。许氏禄丰龙的种名被杨锺健献给他在德国求学时期的古生物学老师许耐（Friedrich von Huene）教授。

第二，它是保持极完整的恐龙之一。这具恐龙骨架 70% 以上都是当时发现的同一个体的原始化石。而在它之前中国发现的恐龙化石大都是零散的骨骼，所以难以装出同一个体的完整骨架。

第三，它是中国已知时代最早的恐龙，也就是说它是最早在中国大地上漫步的恐龙。禄丰龙生活在 2 亿多年前的侏罗纪早期，体型比晚期的蜥脚类恐龙小，能够两足行走。推测它们生活在湖泊岸边或沼泽地区，以植物为食。它们类似树叶状的牙齿很不给力，只能借助吞食胃石来帮助消化坚硬的植物纤维。

许氏禄丰龙邮票

1958 年，中国邮政总局发行了一套三枚古生物纪念邮票。其中一枚就是许氏禄丰龙的骨架和复原图，而**这枚邮票是全世界公开发行的第一枚恐龙邮票**。正因为有这么多“之最”，禄丰龙被称为“中国第一龙”。2011–2012 年，中国古动物馆组织了一次网上投票，评选出能代表中国的五种恐龙作为卡通吉祥物原型。毫无争议的是，许氏禄丰龙高票当选。当然，它的研究者杨锺健先生的盛名也是禄丰龙备受国人喜爱的原因之一。

杨锺健

中国古脊椎动物学之父

杨锺健院士（来源：中国科学院古脊椎动物与古人类研究所）

杨锺健（1897–1979），享誉世界的古生物学家和地质学家，中国古脊椎动物学的开拓者和奠基人，中国科学院古脊椎动物与古人类研究所的创始人。他被人们尊称为“中国古脊椎动物学之父”。

1897 年 6 月 1 日，杨锺健出生于陕西省华县龙潭堡。1923 年他毕业于北京大学地质系后赴德国慕尼黑大学留学，四年后获得博士学位。回国后杨锺健被委以重用，曾先后担任农商部地质调查所新生代研究室副主任、主任，参与主持了周口店北京人遗址的发掘。

1936 年杨锺健与峨眉龙化石（来源：中国科学院古脊椎动物与古人类研究所）

杨锺健曾任北京大学教授和西北大学校长，1948 年当选中央研究院院士，1949 年出任中国科学院编译局局长，1953 年起任中国科学院古脊椎动物研究室主任（1957 年改室为所任所长），1955 年被聘为中国科学院学部委员（院士），1956 年加入中国共产党，1959 年起任北京自然博物馆的首任馆长；1977 年研究所改名为中国科学院古脊椎动物与古人类研究所，他出任首任所长，至 1979 年 1 月 15 日在北京病逝。他还曾任第一至第五届全国人民代表大会代表、九三学社中央常务委员。

杨锺健 50 多年的科学生涯，大致可分为三个阶段，第一阶段从 1925 年至 1936 年，主要从事中国北方新生代地质及哺乳动物化石的研究；第二阶段是 1936 年至 1948 年，工作内容除前一时期的继续外，逐渐转向化石爬行类及中生代地层研究；1949 年以后为第三阶段，主要从事中生代各时期的爬行动物研究。

75 岁高龄的杨锺健在他的记骨室工作（来源：中国科学院古脊椎动物与古人类研究所）

杨锺健先生著作等身，一生发表了 483 篇科学论文和 21 本专著，创建了 83 个生物新属和 208 个生物新种[6]；其科研工作涵盖了“从鱼到人”的全部古脊椎动物学领域，同时对地质学的其他学科、生物学及考古学等也多有涉猎。他的博士论文《中国北方之啮齿类化石》是中国学者的第一部古脊椎动物学专著；他的《许氏禄丰龙》是中国学者研究恐龙的第一部专著。他还热心于科学考察和科学普及工作，是我国地学和自然博物馆学初创阶段的重要推动者之一。

大家不熟悉的是，杨锺健还是一位富有才华的诗人、游记作家和著名的社会活动家。他一生撰写了 2000 多首诗词和 7 部游记（如《西北的剖面》《抗战中看河山》等）。他与毛泽东主席的交往也鲜有人知：1921 年，时任少年中国学会执行部主任的杨锺健给当时在湖南长沙文化书社工作的毛泽东写信，请其补填“少年中国学会”的志愿书。几天后接到毛泽东复函：“锺健先生：前几天接到通告，知先生当选执行部主任。今日又接来示，嘱补填入会愿书，今已照填并粘附小照奉上……”。二人其实在 1918 年即已在北大相识，之后各自走上殊途同归的救国、强国之路。

2017 年 6 月，全国多地组织杨锺健诞辰 120 周年纪念活动。纪念这位一代宗师的辉煌人生和卓越贡献。

知识窗 2
什么是恐龙？

恐龙与鳄鱼、翼龙一样属于主龙类。传统意义上的恐龙是指一类生活在中生代陆地上的爬行动物；在系统分类学中，恐龙被定义为“三角龙和麻雀最近的共同祖先及其全部后裔”。所以恐龙家族不仅包括霸王龙这样的陆地霸主，还包括今天仍然生活在地球上的鸟类。

传统意义的恐龙四肢直立于身体之下，以四足或二足行走；陆生，植食、肉食或杂食；外貌千奇百怪，体型大小悬殊。最大体长可达 40 多米，是陆上生活过的最大的脊椎动物。恐龙产卵，其生长方式和代谢速率都更接近哺乳类和鸟类。一些兽脚类恐龙擅于奔跑，肺部高效如鸟类；另一些恐龙体表带羽毛，表明它们能控制体温。恐龙的食性多样，肉食性恐龙脑袋硕大，具尖牙利爪；植食性恐龙[7]脑袋较小，牙齿适于切割植物，四肢具蹄，有的还具有尾刺、尾锤、盔甲、犄角等防御或争斗武器；一些杂食性的兽脚类恐龙以喙取食，还会吞下小石子帮助消化。

诸城中国角龙复原图（来源：徐星）

诸城暴龙 下颌骨

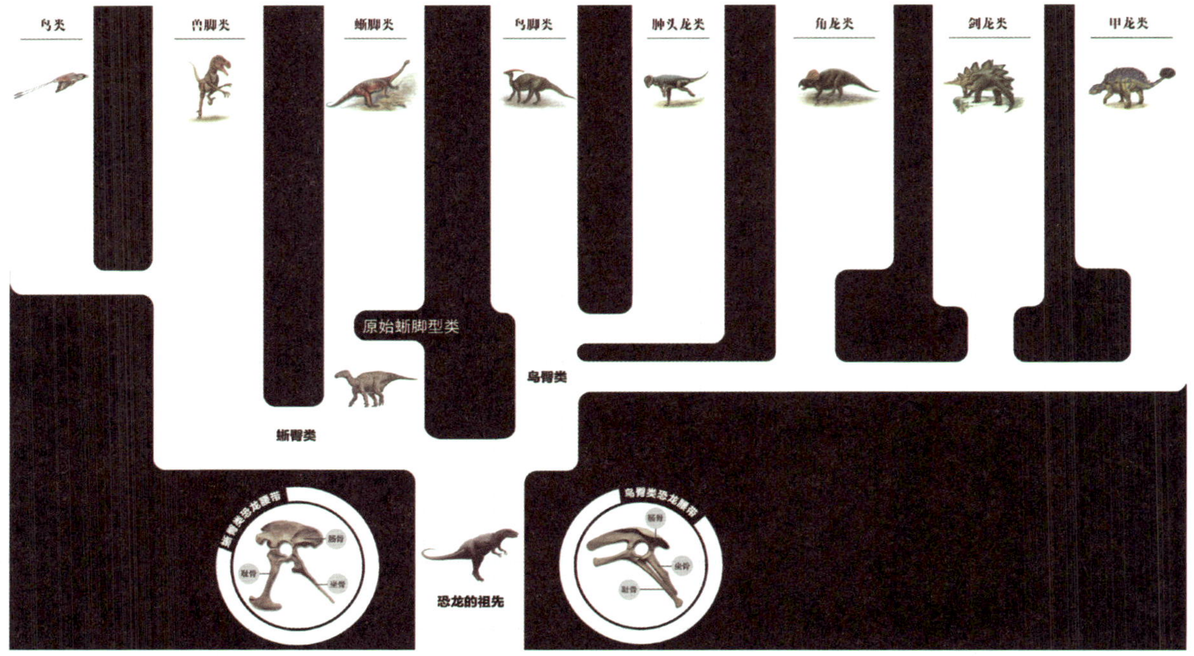

恐龙的分类示意图（来源：中国古动物馆）

尽管种类多样，但根据腰带骨骼[8]的结构可将恐龙分为蜥臀类和鸟臀类两大类群。蜥臀类恐龙一般分为蜥脚型类和兽脚类。前者包括一些原始的属种（过去称为“原蜥脚类”）以及蜥脚类。蜥脚类恐龙的特点是体型巨大，脖子长，四肢粗壮，尾巴长。它们四足行走，以植物为食。兽脚类恐龙都是两足行走，大多数是肉食性动物，有着锐利的牙齿和爪子。除了一些原始的种类（如异齿龙），其他鸟臀类恐龙可以划分为五类：剑龙类、甲龙类、鸟脚类、肿头龙类和角龙类。鸟臀类恐龙有些是两足行走的，有些是四足行走的，形态各异，但都是植食性动物。

恐龙最早见于2.3亿年前的三叠纪晚期，至6600万年前的白垩世末期绝大多数灭绝，但其后裔鸟类存活至今。恐龙化石在世界各地均有分布，我国是发现恐龙种类最多的国家（另见第254页）。全国有21个省区发现了恐龙的骨骼化石，且不同时代的恐龙化石在地域分布上有一定的规律：云南、四川、贵州等地发现了侏罗纪早、中期的恐龙化石；新疆为侏罗纪中、晚期的；辽宁西部富集白垩纪早期的恐龙化石；黑龙江、内蒙古和山东的恐龙化石以白垩纪晚期的居多。

应该说明的是，矢部龙、中龙、鱼龙、蛇颈龙、芙蓉龙、翼龙等都不是恐龙；动物的中文译名中“龙”字的含义通常只是说明这种动物属于爬行动物，而不是特指恐龙。

马门溪龙：世界最长的脖子

展品名称：合川马门溪龙（骨架模型）
物种学名：*Mamenchisaurus hochuanensis* Young et Chao, 1972
生活时代：侏罗纪晚期（距今约 1.5 亿年前）
化石产地：重庆市合川区
展出位置：中国古动物馆一层“恐龙展池”展区
中国科学院古脊椎动物与古人类研究所

合川马门溪龙骨架模型（来源：中国古动物馆）

中国古动物馆的展品中有不少是“世界之最”“亚洲之最”或“中国之最”，其中最耀眼的明星很可能就是我馆最大的展品：合川马门溪龙的巨大骨架。

马门溪龙是大型蜥脚类恐龙。该属是杨锺健先生于 1954 年根据四川宜宾马鸣溪渡口发现的一批化石建立的，现有 7 个有效种，是包含种数最多的中国恐龙。中国古动物馆展出的大型骨架属于合川种，以产地重庆合川区命名。这条巨大的恐龙全长 22 米，头长只有 60 厘米，推测体重达 30–40 吨，但脑量却不足 500 克。马门溪龙的“腰部”有一个比脑还大的神经结，通过神经指导后肢和尾巴的活动，所以有人夸张地说：马门溪龙有“第二脑”。

马门溪龙是世界上脖子最长的恐龙。它有 19 个颈椎，脖子长 9.3 米，几乎占了整个体长的一半，比只有 15 个颈椎的梁龙、雷龙的脖子更长。马门溪龙还是世界极大的恐龙之一，其中的一个种——中加马门溪龙体长可达 35 米，最长的颈肋可达 4 米。因为颈肋彼此交叉，马门溪龙的脖子不是特别灵活，脖子长的目的是为了扩大摄食范围，无需移动身体就能采集食物，站在原地，慢慢把脖子摆来摆去，在灌木和树木之间摄取可食用的材料。这种取食方法对于大型动物来说比不断地移动身体更省力。

马门溪龙嘴里长着密集的勺状牙齿，它主要吃柔软而富有营养的植物。有学者推测它每天至少要吃300千克的食物，也就是说，它的小嘴巴每天都要花大量时间不停地进食。可见马门溪龙是个名副其实的“吃货”！大型蜥脚类恐龙的食物在胃里将保留较长的时间，通过发酵来获取养分。这种长时间保留食物的本领也是它们的巨大体型产生的优势。

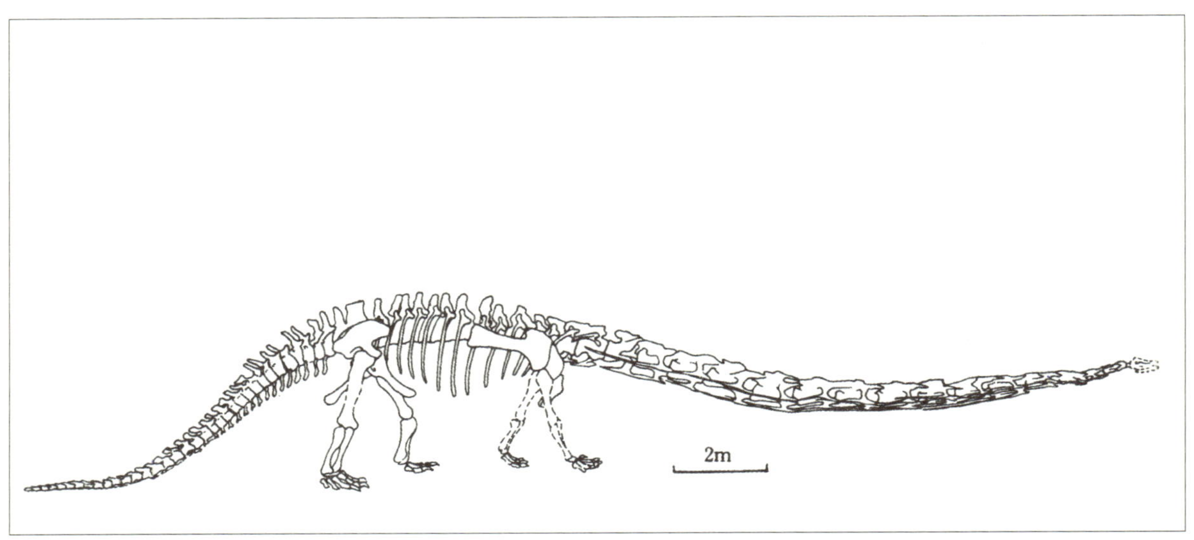

合川马门溪龙骨骼复原图（来源：中国古动物馆）

合川马门溪龙生态复原图（绘图：赵闯）

由于马门溪龙的骨架高大、雄伟，仿佛一座拱起的桥，再加上四条柱子一样的腿，在博物馆的众多展品中如“鹤立鸡群”，因此备受广大观众的喜爱，成为了恐龙王国中的耀眼明星。正是因为它的重要性，在2011–2012年的网上评选中，马门溪龙荣幸的入选“中国恐龙五宝”。

道氏巨吻角龙 头骨

知识窗 3
中国的侏罗纪公园

新疆的侏罗纪动物群生态复原图（绘图：赵闯）

美国好莱坞大片《侏罗纪公园》从 1993 年上映以来掀起了世界范围的恐龙热，至今已经拍摄了三部。其实中国也有自己的“侏罗纪公园”。

云南侏罗纪早期的禄丰恐龙动物群是中国最早的“侏罗纪公园”，在中国恐龙研究中占有重要的地位。除了前文提到的许氏禄丰龙[9]，还有与其相似的黄氏云南龙、凶猛的体长 5 米的三叠中国龙（过去称“双脊龙”）、小型以速度见长的禄丰盘古盗龙、世界最早的甲龙之一禄丰卞氏龙等。这里还发现了神秘的拥有大爪子的植食性恐龙镰刀龙类的代表——出口峨山龙，将镰刀龙类的起源一下提前了 7000 万年。引人注目的是，**该动物群最近还发现了疑似禄丰龙的恐龙胚胎和蛋壳碎片，它们代表世界已知最早的恐龙蛋记录之一。**

宁城树息龙

四川的沙溪庙动物群则是一个“巨龙的世界”。在四川自贡市附近的侏罗纪中期地层中发现有蜥脚类恐龙李氏蜀龙和荣县峨眉龙，它们身体庞大，可能都拥有尾锤防身。小型兽脚类建设气龙、原始鸟臀类劳氏灵龙、原始剑龙类太白华阳龙等也都发现于此，填补了我国侏罗纪中期恐龙记录的空白。而四川侏罗纪晚期地层中出土了大型兽脚类上游永川龙、大型蜥脚类马门溪龙的多个种以及身披剑板、肩扛骨棘的多棘沱江龙、四川巨棘龙等。仅从恐龙体型上看，这些侏罗纪晚期的恐龙比侏罗纪中期时又普遍大了一号。

四川的侏罗纪动物群生态复原图（绘图：赵闯）

近年来发现于我国东北的燕辽生物群与沙溪庙动物群的时代相似，但显示的却是一个很特别的侏罗纪世界——没有巨龙却充满“霓裳”。这里的恐龙大小似鸡，当地岩层魔术般的埋藏法则为恐龙“穿上”华丽的羽衣，展现出一个“毛茸茸的世界”。后文将有详细的介绍。

新疆准噶尔盆地是恐龙发现的圣地，中、美、瑞典、加、日等国学者先后在这里组织过大规模的考察，发现了一大批侏罗纪中晚期的恐龙。侏罗纪中期的江氏单脊龙是头顶单一骨质脊冠的中型兽脚类，同地点的小型蜥脚类苏氏巧龙很可能上了它的菜单；明星天池龙则是一种原始的甲龙，它的种名是由出演《侏罗纪公园》的好莱坞明星的名字组合而成的。侏罗纪晚期的代表则有世界最早的原始角龙类当氏隐龙，巨大的奇台天山龙和中加马门溪龙，巨爪利齿的董氏中华盗龙，霸王龙的祖先五彩冠龙等。值得一提的是难逃泥潭龙，这是一种小型无牙的兽脚类恐龙，不但拥有幼年肉食、成年素食的特殊食性，还显示了恐龙手指中，小拇指和大拇指首先退化的模式。

中国不仅有侏罗纪公园，还拥有世界闻名的“白垩纪公园”——热河生物群（见第 140 页），这些世界级的化石宝库是大自然留给人类的珍宝。

温馨提示：上面列出的恐龙标本，很多都在中国古动物馆展出，去展厅找找它们吧！

原巴克龙：游龙归来的故事

展品名称：戈壁原巴克龙（下颌骨化石）
物种学名：*Probactrosaurus gobiensis* Rozhdestvensky, 1966
生活时代：白垩纪晚期（距今约 9000 万年前）
化石产地：内蒙古自治区阿拉善左旗
展出位置：中国古动物馆二层“恐龙走廊”展区
——中国科学院古脊椎动物与古人类研究所——

戈壁原巴克龙下颌骨化石（来源：中国古动物馆）

这件戈壁原巴克龙的下颌骨化石显得十分平常，但它却有着极其不寻常的身世。这件化石曾流落海外近 60 年，最近才在中外学者和国际友人的帮助下回归中国。

原巴克龙是一种鸭嘴龙类[10]恐龙，生活在白垩纪晚期距今约 9000 万年前的中国内蒙古。它是一种植食性恐龙，体长约 5.5 米，推测体重约 1 吨。原巴克龙最典型的特征是前肢和前爪修长，前爪上有一个小的拇指刺突（用于防御或同类争斗）。原巴克龙的头骨没有任何脊冠，鼻骨狭长（所以头部看起来很长），估计它大部分时间是四足行走。

在中国、苏联和蒙古的陆相地层中，保存着十分丰富和重要的中生代脊椎动物化石。1956 年中国科学院古脊椎动物研究室和苏联科学院古生物研究所签订《古生物学研究考察计划》合作协议。考察计划从 1959 年春季开始，为期 5 年。然而由于之后中苏关系紧张，联合科考在进行了两年之后，不得不中断。虽然考察并没有按照原计划顺利完成，但已经完成的科考工作取得的成果也是十分喜人。

1962 年，苏联科学院古生物研究所借走了一批未修复的标本带回研究，这件长满牙齿的下颌骨化石是其中的一件。1966 年曾担任中苏古生物科考苏方队长的罗日捷斯特文斯基（A. K. Rozhdestvensky）将其定名为戈壁原巴克龙。按照中苏双方协议，标本研究完毕后应归还中国科学院。但因两国关系紧张，苏方未能如期归还化石，后来标本竟然不知去向。

时间如飞驹过隙，转眼 30 年过去了。1996 年，日本恐龙漫画家岡田信幸先生在一个国际化石市场偶然发现这件下颌骨化石并购买下来。2010 年中国科学院古脊椎动物与古人类研究所的董枝明先生访问日本，意外地见到了这件化石并认出了它的身份来历。在董枝明先生和福井恐龙博物馆馆长东洋一等人的帮助下，中国古生物化石保护基金会积极参与沟通，岡田信幸先生同意将该标本无偿捐献给董先生的研究所。**2011 年，流落海外半个多世纪的戈壁原巴克龙下颌骨终于完璧归赵。**

2011 年的“5·18 博物馆日”，为了纪念原巴克龙化石的回归，中国古动物馆举办了“游龙归来”特展。现在这件饱经风霜的标本终于永久地陈列在博物馆二层的展柜中。

“游龙归来”特展海报（来源：中国古动物馆）

戈壁原巴克龙的复原模型（制作：张建军）

青岛龙：出访世界的恐龙大使

展品名称：棘鼻青岛龙（骨架化石）
物种学名：*Tsintaosaurus spinorhinus* Young, 1958
生活时代：白垩纪晚期（距今约 7000 万年前）
化石产地：山东省莱阳市
展出位置：中国古动物馆一层“恐龙展池”展区
中国科学院古脊椎动物与古人类研究所

棘鼻青岛龙骨架化石（来源：中国古动物馆）

1950 年，山东大学的师生在莱阳野外实习过程中，在金岗口等地发现了恐龙和恐龙蛋化石。消息传到北京，中国科学院的杨锺健、刘东生和王存义等人组成考察队对莱阳含恐龙层位进行了发掘，发现了一些著名的恐龙如棘鼻青岛龙、中国谭氏龙、似格氏绘龙和中国鹦鹉嘴龙等。而这里发现的恐龙蛋化石则在后来为世界恐龙蛋分类和命名系统的提出奠定了基础。

青岛龙是我国发现的最著名的有顶饰的鸭嘴龙类，也是新中国成立后首次发现的拥有较完整骨骼化石的恐龙。它中等大小，长约 7 米，高约 5 米，推测体重为 6–7 吨；双足行走，后肢发达有力，具有三个脚趾。青岛龙不善奔跑，植食性，推测在河湖岸边生活。作为鸭嘴龙类的一员，它还是牙齿数极多的恐龙之一。

棘鼻青岛龙最为奇特的是头顶发育了一个骨质棘突，样子就像独角兽一样，推测在恐龙活着的时候可能支撑一个软的头冠，用于种间识别或性别展示。但也有学者认为这个棘突是埋藏过程中骨骼变形造成的，青岛龙应该是个没有冠的恐龙。孰是孰非，目前还没有定论。

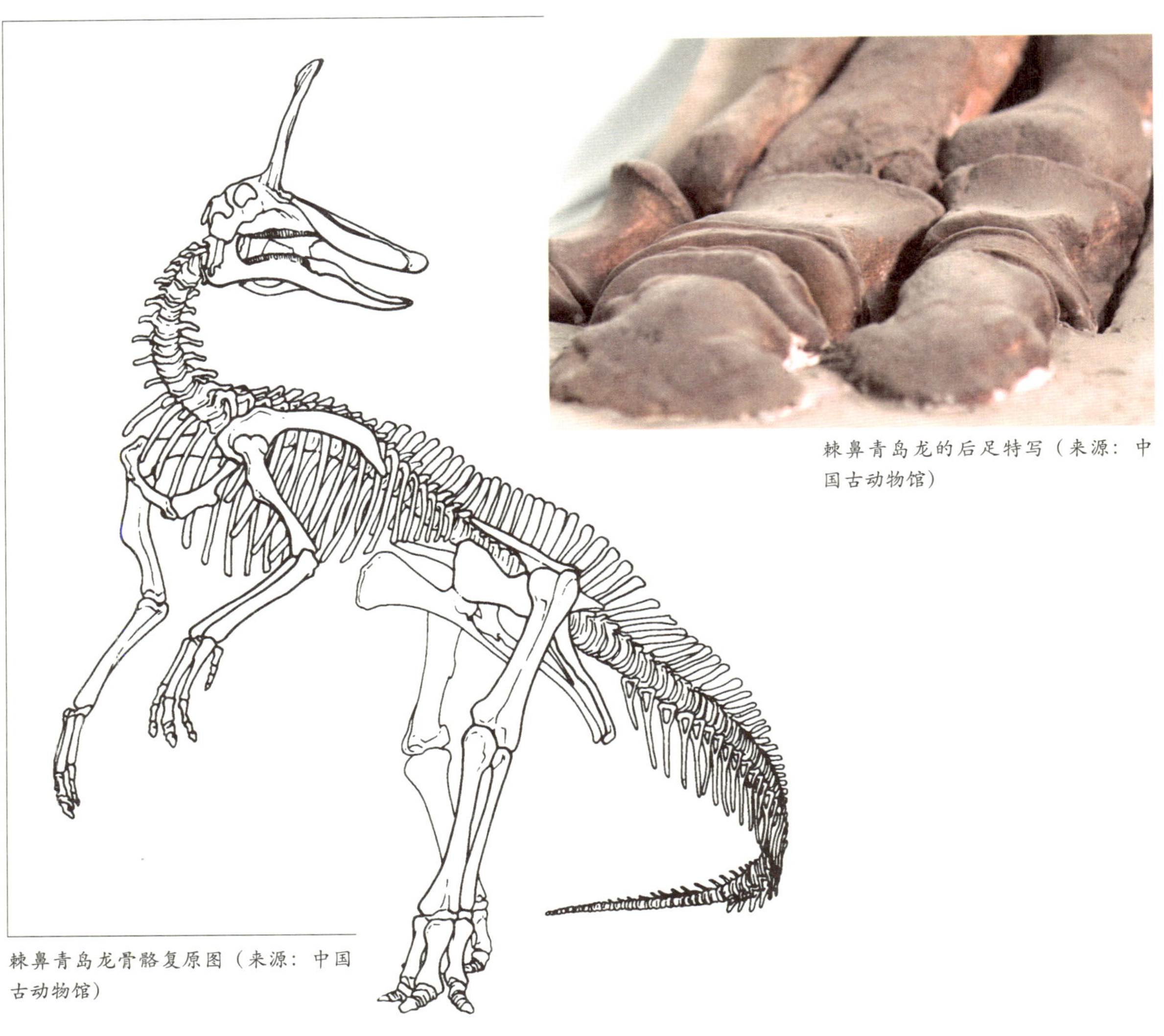

棘鼻青岛龙的后足特写（来源：中国古动物馆）

棘鼻青岛龙骨骼复原图（来源：中国古动物馆）

关于青岛龙的命名，还有一段有趣的故事。为什么莱阳发现的恐龙却以青岛命名？对此，杨锺健的弟子、中国科学院古脊椎动物与古人类研究所董枝明先生回忆说："当时杨老的发掘大本营设在青岛，在三个多月的发掘过程中，他经常奔波在青岛与莱阳之间。他的一些研究工作是在青岛做的，恐龙化石的首次展览也放在了青岛"。另外当时山东大学地处青岛，念在该大学任教的周明镇博士等人的发现之功，诸多因素使杨锺健将"莱阳龙"命名为"青岛龙"。2017 年 4 月，几位古生物学者终于做出了"补偿"，将莱阳新发现的一种鸭嘴龙命名为杨氏莱阳龙，也是弥补了莱阳百姓的遗憾。

恐龙在全世界拥有众多爱好者，因此恐龙展览在世界各国大受欢迎。**青岛龙是我国改革开放之后多次参加出国展览的恐龙明星，**成为中国与世界各国文化交流的恐龙大使。现在它被永久地安放在中国古动物馆的恐龙展池中，迎接观众们的到来。由于它在恐龙展池中处于最靠近大门的位置，博物馆的工作人员都称它为"迎宾龙"。鉴于棘鼻青岛龙的特殊意义，它也荣幸地入选了"中国恐龙五宝"。

切开的恐龙蛋：恐龙繁殖的秘密

展品名称：金岗口椭圆形蛋（一分为二的蛋化石）
物种学名：*Ovaloolithus chinkangkouensis* (Zhao et Jiang, 1974)
生活时代：白垩纪晚期（距今约 7000 万年前）
化石产地：山东省莱阳市
展出位置：中国古动物馆二层“蛋与迹”展区
——中国科学院古脊椎动物与古人类研究所——

切开的恐龙蛋（来源：中国古动物馆）

这是一枚奇特的蛋。蛋被一切两半，显露出内部的结构。然而蛋里没有蛋清和蛋黄，能看到的只有黑色的外皮和充填其中的半透明的晶体。那是方解石的结晶体，成分是与水垢一样的碳酸钙。它是生活在 7000 万年前的恐龙下的蛋，产自山东省莱阳市，与前文提到的青岛龙是一个产地。但我们却尚不知晓这是不是青岛龙下的蛋，为什么呢？

恐龙是卵生爬行动物，它的卵同鸟蛋一样，有一层坚硬的外壳。蛋壳里的卵白和卵黄在亿万年的石化过程中被分解或置换，外界富含碳酸钙的水通过蛋壳的气孔渗入。如果蛋皮没破，缓慢结晶，最终会形成漂亮的方解石晶体。然而在大多数情况下，蛋壳会在石化过程中被压裂甚至压碎，周围的泥沙会充填其中。一般来说，除非恐龙蛋在接近孵化时被埋藏石化，将可用于分类识别的恐龙胚胎的骨骼保存在蛋中，否则很难判断某个蛋是哪一类恐龙产下的。

第一枚被科学家鉴定出来的恐龙蛋发现于蒙古，1923 年美国自然历史博物馆组织的中亚考察本来想在亚洲寻找古人类化石，结果人类化石没找到，却发现了大量的恐龙蛋、龟甲，以及恐龙和哺乳动物的化石骨骼。此后恐龙蛋在世界各地被相继发现，恐龙蛋化石的研究也成为一门学科。恐龙蛋的分类方式自成系统，有别于其他古生物分类。分类依据包括蛋的形状、大小，蛋壳的厚度、外表面纹饰，蛋窝的形状、大小、蛋窝中蛋的排列等宏观形态特征，以及蛋壳的基本结构单元——壳单元的形状、大小、排列，蛋壳中气孔的形状、大小和分布等蛋壳显微结构特征。这一套分类方法完全是由中国学者，特别是中国科学院古脊椎动物与古人类研究所的赵资奎研究员为主建立起来的，随后被世界各国的学者所采用。

根据现有记录，除南极洲和大洋洲外，其他各大陆都发现了恐龙蛋化石，其中亚洲、欧洲西南部地中海地区、北美洲西部内陆和南美洲南部等地白垩纪晚期地层中产出的蛋化石最多。而白垩纪早期和更早时期的恐龙蛋则少有发现。**我国恐龙蛋化石的种类和数量均为世界之最**，分布在全国10多个省区，已经描述的有60多个蛋种，以河南、广东、江西等地最为富集。据说我国河南南阳地区出土的恐龙蛋数量比世界其他地区的加起来还多！一些不知情的老乡甚至会用含恐龙蛋化石的岩石垒厕所，成为当地一大奇观。

研究恐龙蛋不但有助于了解恐龙的生殖行为，还可以根据蛋壳结构分析白垩纪古气候和古环境的变化，另外对探讨白垩纪的恐龙多样性以及恐龙最后灭绝等问题，都有着很重要的作用。

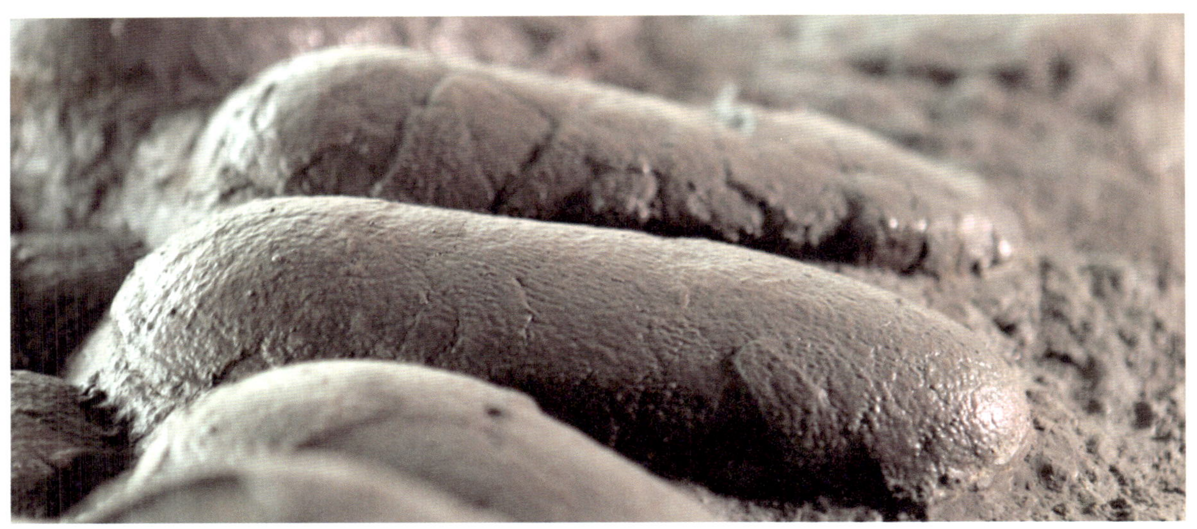

巨型蛋的蛋窝化石局部（来源：中国古动物馆）

专家讲故事（9）

王强：
中国科学院古脊椎动物与古人类研究所副研究员，恐龙蛋专家。

扫码听故事

棱柱形蛋

窃蛋龙胚胎：洗清冤屈的要证

展品名称：窃蛋龙科分类未定（胚胎化石）
长型蛋科未定种（蛋化石）
物种学名：Oviraptoridae indet. (embryo)
Elongatoolithidae indet. (egg)
生存时代：白垩纪晚期（距今约 7000 万年前）
化石产地：江西省赣州市
展出位置：中国古动物馆二层“蛋与迹”展区
——中国科学院古脊椎动物与古人类研究所——

窃蛋龙类的胚胎和蛋化石（来源：中国古动物馆）

窃蛋龙护蛋复原图（绘图：赵闯）

在这个破开的恐龙蛋中，一具小恐龙的胚胎骨骼蜷缩其中。2016 年的一篇论文揭示这是一个窃蛋龙类的胚胎。窃蛋龙的全名叫作“喜好角龙窃蛋龙”，为什么会有这么一个奇怪的名字呢?

1923 年 7 月，美国探险家安德鲁斯（Roy Chapman Andrews）——很多人认为此人就是电影《夺宝奇兵》中的男主人公印第安纳·琼斯的原型——率领的中亚考察队在蒙古发现了世界上第一窝恐龙蛋。而在这窝恐龙蛋的周边地区，发现过许多原角龙的骨骼化石，因此这窝蛋被认定为原角龙的蛋。然而在这窝恐龙蛋的附近，却发现了另一种恐龙的骨骼化石，这只恐龙长着喙状的嘴，没有牙齿，很像是一种杂食、吃蛋的恐龙。美国古生物学家亨利·奥斯本（Henry F. Osborn）由此猜测这只恐龙是来偷吃原角龙的蛋的。1924年，他将这只恐龙正式命名为“喜好角龙窃蛋龙”。

时隔69年后，1993年美国纽约自然历史博物馆的古生物学家在蒙古发现了原来被认为是原角龙的蛋，但这个蛋中保存的却是一具窃蛋龙的胚胎骨骼，说明这个蛋原本就应该属于窃蛋龙。2001年，一具与恐龙蛋窝保存在一起的窃蛋龙骨架被发现了，这些恐龙蛋和1923年发现的“原角龙的蛋”一模一样。这一系列新发现终于让窃蛋龙沉冤得雪——**窃蛋龙真不是在偷吃别的恐龙的蛋，它是在保护自己的蛋**。于是剧情大反转，窃蛋龙从一个偷蛋贼华丽转身，变成了一位正在照顾自己蛋窝的慈祥的母亲！但是，我们知道生物的命名有“优先律”法则，一旦成为具有清晰鉴别特征的有效命名就不能更改，所以窃蛋龙的名字也只能这样保留下来，成为一段科学研究轶事的见证。

恐龙胚胎化石存世稀少，目前全世界发现的恐龙胚胎化石大约200枚，其中经过科学研究的不过几十枚。保存完整的恐龙胚胎则少之又少，其中保存了头骨的胚胎更是罕见。头部对于恐龙胚胎的研究非常重要，这不仅仅是因为头部提供了鉴定恐龙的重要信息，更是因为它能帮助我们了解恐龙的个体发育规律，特别是神经系统的发育和演化。中国古动物馆展出的这枚胚胎保存有相当完好的头部，可谓世之珍品。

也许读者已经注意到，其他展品的学名都是一个，而这件窃蛋龙胚胎却有两个学名。原因很简单，根据骨骼命名和根据蛋命名在古生物学中是两个分类系统，大多数的蛋中是没有胚胎的，所以一般无法得知哪种恐龙下了哪种类型的蛋。目前世界上发现胚胎的、能把恐龙和它们的蛋联系到一起的，只有窃蛋龙（长形蛋科）、伤齿龙（棱柱形蛋科）等少数几种。

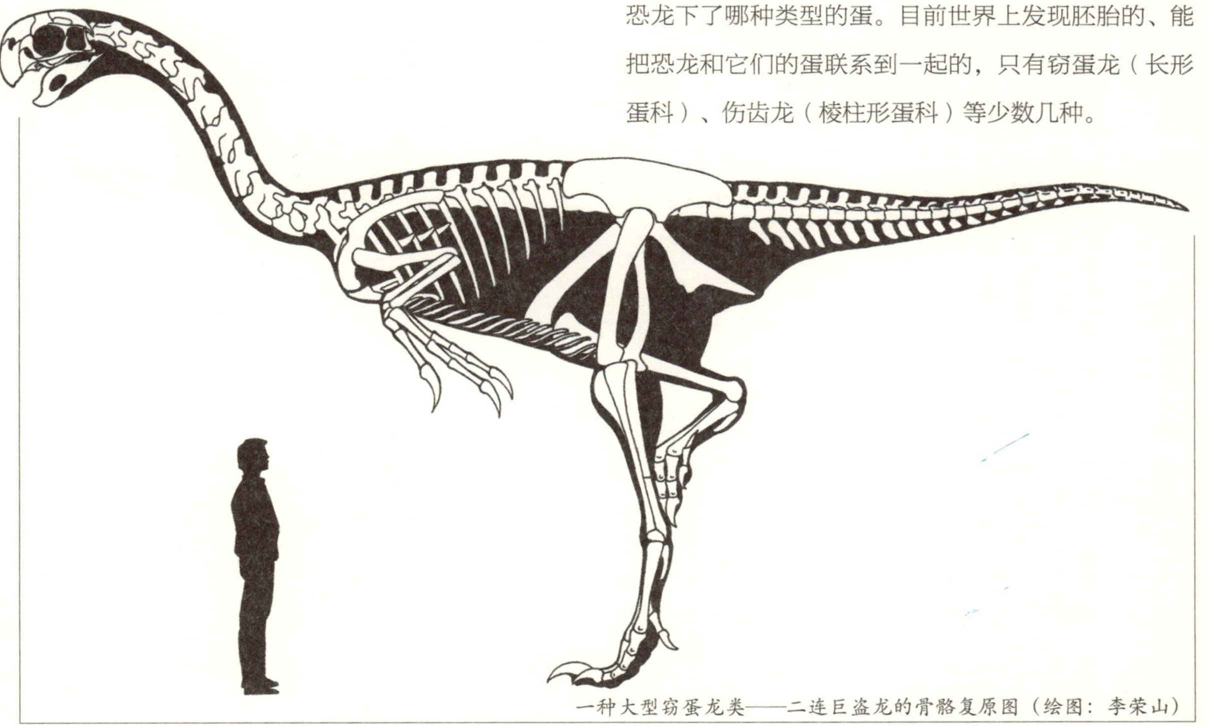

一种大型窃蛋龙类——二连巨盗龙的骨骼复原图（绘图：李荣山）

杨氏蛋：蛋与迹共存的珍品

展品名称：夏馆杨氏蛋（蛋窝化石）
杨氏湘西足迹（足迹化石）
物种学名：*Youngoolithus xiaguanensis* Zhao, 1979
Xiangxipus youngi Zeng, 1982
生活时代：白垩纪晚期（距今约 7000 万年前）
化石产地：河南省内乡县
展出位置：中国古动物馆二层“蛋与迹”展区
——中国科学院古脊椎动物与古人类研究所——

夏馆杨氏蛋蛋窝化石（来源：中国古动物馆）

在中国古动物馆二层一个不起眼的角落里，一件世界级的珍品静候着懂得它价值的观众。**这是目前世界已知唯一一件恐龙蛋与恐龙足迹同时保存的化石。**馆里的工作人员开玩笑地把它称作“一脚踩碎三个蛋”！

这是个由 15 枚较为完整和 1 枚残破的蛋组成的蛋窝。它的研究者，世界著名恐龙蛋专家赵资奎先生将属名献给了中国古脊椎动物学奠基人杨钟健院士，而种名则取自化石产地河南内乡夏馆镇。蛋窝中的恐龙蛋沿蛋的长轴方向定向排列，而在右上角可见一个三趾状的恐龙足迹。这个足迹叠压在 3 只恐龙蛋上，是中趾较长的三趾型。曾有学者认为这是一只鸟脚类恐龙留下的，但新的研究分辨出具有尖锐趾尖的两个脚趾，据此判断应属于兽脚类恐龙的足迹，可能与杨氏湘西足迹类似。这是下蛋的恐龙踩出的脚印吗？好像留下足迹的恐龙的个子与蛋的主人相比小了些。那么会是偷蛋贼留下的？还是同类的小淘气包干的？可以发挥想象的空间很大。

杨氏蛋蛋窝中的三趾型恐龙足迹

足迹研究是一门特别的科学。恐龙足迹具有骨骼化石无法替代的作用，骨骼保存的是身体的结构，而足迹记录的是日常生活的精彩瞬间！它们不仅能反映恐龙的运动步幅、速度、群居或独居、捕猎过程、迁徙习性等，有时还能显示恐龙脚底皮肤组织的结构特征。

恐龙足迹有凹形和凸形两种：凹形足迹也称为负型足迹或自然模足迹，是脚印本身保存在岩层上面所形成的化石；凸形足迹也称为正型足迹，通常保存在岩层的底面，它是恐龙脚印留下后，脚印被后来的沉积物掩埋填充后形成的铸模化石，可以认为是大自然制作的恐龙脚的铸模。

根据趾的数量，足迹可分为两趾型（如驰龙类足迹）、三趾型（如大多数兽脚类、鸟脚类、古鸟类足迹）、四趾型（如角龙类足迹）、五趾型（如蜥脚类的后足足迹）。值得注意的是足迹上出现的趾数不一定代表造迹者的实际趾数。驰龙类足迹为两趾型，而实际是三趾，因为它那发达的、用于攻击和防御的恐怖的第二趾平时高高举起，并不着地。

岳池嘉陵足迹化石，来自一种中型的兽脚类恐龙（来源：中国古动物馆）

1929 年，杨锺健先生在陕西省神木县发现了一个禽龙类足迹化石，这也是我国发现的第一个恐龙足迹，后来被命名为“杨氏中国足迹”。目前中国有 20 多个省区发现了恐龙足迹化石。北京延庆县发现的恐龙足迹就告诉我们，帝都虽然尚未发现恐龙的骨骼化石，但 1 亿多年前，这里确曾有巨龙漫步。

近鸟龙：世界最早的带羽毛恐龙

展品名称：赫氏近鸟龙（骨骼和羽毛化石）
物种学名：*Anchiornis huxleyi* Xu *et al.*, 2009
生活时代：侏罗纪中晚期（距今约 1.6 亿年前）
化石产地：辽宁省建昌县
展出位置：中国古动物馆二层“带羽毛的恐龙”展区
中国科学院古脊椎动物与古人类研究所

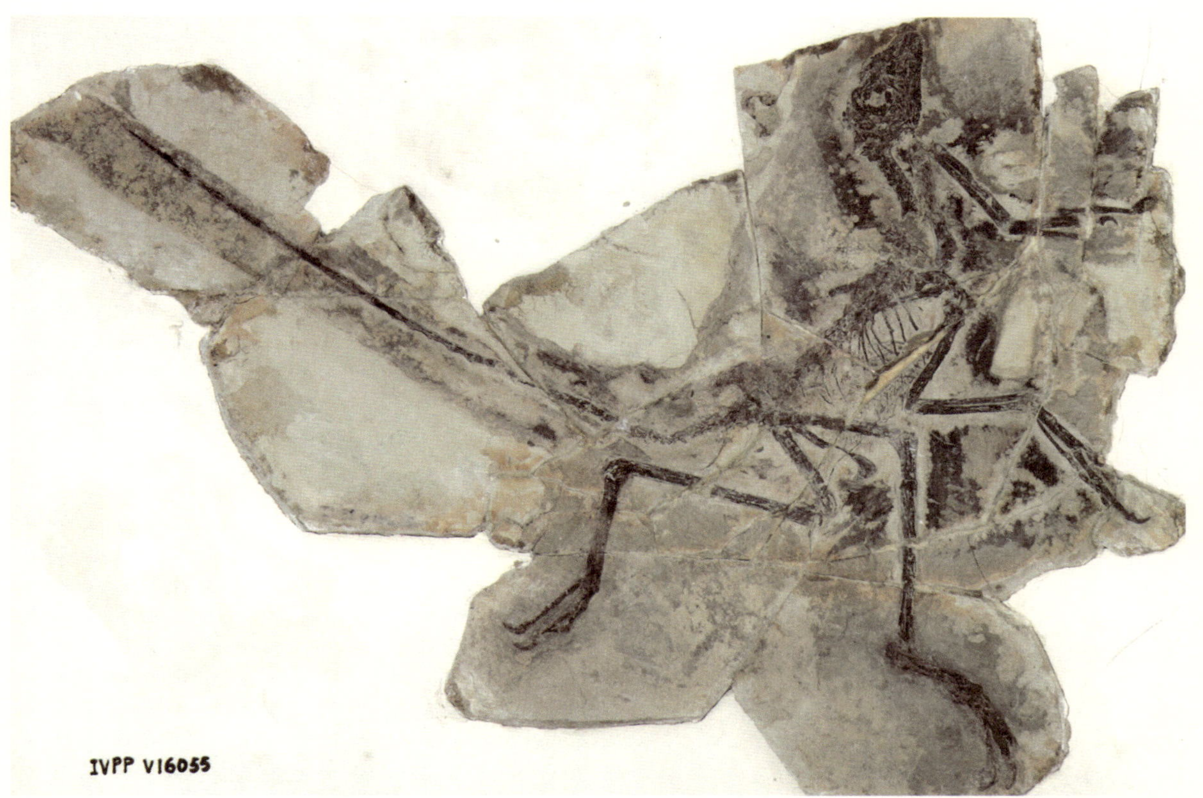

赫氏近鸟龙化石（来源：中国科学院古脊椎动物与古人类研究所）

目前世界已知最原始的鸟是德国发现的侏罗纪晚期距今 1.5 亿年前的始祖鸟。自 1996 年起，我国东北地区陆续发现了几十种长有羽毛的恐龙，它们揭示了鸟类和恐龙紧密的亲缘关系。可惜的是，这些带羽毛的恐龙生活在 1.3–1.2 亿年前的白垩纪早期，从时间上看，它们显然无法成为始祖鸟的祖先。找到时代更早的带羽毛恐龙成为中外学者们梦寐以求的突破点。

终于，赫氏近鸟龙横空出世！它属于副鸟类[11]，是一种非常类似于鸟类的恐龙，也是目前已知时代最早的带羽毛的恐龙之一，生活在距今约 1.6 亿年前。

近鸟龙的名字起得非常好——是恐龙，但和鸟类的关系很近！而其种名被研究者献给了赫胥黎（Thomas Huyley），没错，就是那个自称“达尔文的斗犬”的英国著名生物学家，他还是“鸟类起源于恐龙”的最早提出者。

近鸟龙有着娇小迷人的体型，只有乌鸦般大小，是世界已知最小的恐龙之一。它的嘴里长有尖利的牙齿，尾巴细长僵硬。它的前肢比例相当长（约是后肢长度的 80%），接近始祖鸟等早期鸟类，这是飞行的必要特征。近鸟龙的全身都覆盖着羽毛，而且是前后肢都长有对称状飞羽的“四翅恐龙”（又称“四翼恐龙”）的形态。完全对称的羽片缺少空气动力学机制，动物无法借助它飞上天空。但古生物学家发现，近鸟龙的对称羽毛，其羽轴已经开始弯曲。这可以看作是不对称飞羽出现的萌芽。推测近鸟龙应该已经具备了初步的飞行能力，至少是较好的滑翔能力。它们很可能生活在湖泊四周的森林环境中，娇小的身体能够帮助它们在林中穿行，捕食各类小型动物，并躲避大型动物的追捕。

近鸟龙是世界第一种被精确复原出羽毛颜色的恐龙。根据化石中保存的色素体类型和分布，研究者推断近鸟龙的羽毛大致呈灰、黑两种颜色；前肢、后肢的长羽毛黑、白相间，以条纹方式排列，但头顶的羽毛呈红褐色。近鸟龙能保存下如此精美的羽毛化石，是由于被快速埋藏于细粒沉积的深湖环境所致——细粒的沉积物没有破坏羽毛结构，而快速沉积和深湖环境则减少了其他生物的扰动。

赫氏近鸟龙复原图（来源：上海睿宏文化传播有限公司）

赫氏近鸟龙化石（来源：徐星）

专家讲故事（10）

徐星：
中国科学院古脊椎动物与古人类研究所研究员，伦敦地质学会荣誉会员，世界知名恐龙学家。

扫码听故事

知识窗 4
燕辽生物群：一个毛茸茸的恐龙世界

燕辽生物群生态复原图（绘图：朱莉娅·莫尔纳 Julia Molnar）

过去20年间，在中国辽宁省西部、河北省北部以及内蒙古东南部的侏罗纪中晚期湖相沉积中，陆续发现了保存精美的蝾螈、蜥蜴、翼龙、恐龙和哺乳动物化石，这些化石与同层位产出的植物、昆虫和其他无脊椎动物一起构成了一个特别的远古生物群——燕辽生物群，名字来自于同地区建国的中国古代的燕国和辽朝。**燕辽生物群与其他地区的恐龙动物群不同，它显示的是一个毛茸茸的侏罗纪恐龙世界。**

这里发现的恐龙都长着各式各样的羽毛，有丝状的、有片状的，它们都是与鸟类亲缘关系密切的兽脚类恐龙。其中胡氏耀龙和宁城树息龙的化石产自内蒙古宁城县的道虎沟村附近。它们都属于擅攀鸟龙类，与鸟类的亲缘关系很近，但都不会飞翔，长相和生活习性与鸟类有较大差别。它们都是树栖的，推测在当时古湖泊附近的树林中觅食。耀龙只有25厘米长，从它的短尾骨上伸出两对细长、带状的尾羽。这种羽毛

宁城树息龙生态复原图（绘图：李荣山）

可能用于炫耀和展示，当它们展开时像一面旗子，吸引可能的异性伴侣，或是向同伴发出某种信号。耀龙的全身还覆有丝状的羽毛，与哺乳动物的毛发相似，毫无疑问应具有保温的功能；它的口中有长而尖利、向前倾斜的牙齿，用于捕捉小型猎物。

树息龙的身材比耀龙更小了一号，它的每只手有3根手指，其中第3根手指特别长（其他兽脚类恐龙中，一般是第2根手指最长）。有专家推测这根长手指是用来把昆虫从裂隙中钩出来或敲打树皮探知昆虫的位置；这与现代啄木鸟用鸟喙探测、捕捉树中的虫子有几分相似。

奇翼龙产自河北青龙县，它也属于擅攀鸟龙类，是一种拥有“蝙蝠式翼膜”的奇特恐龙。奇翼龙的腕

胡氏耀龙化石（来源：中国科学院古脊椎动物与古人类研究所）

部有一根棒状长骨，这种长骨从未见于其他恐龙，但在翼龙、蝙蝠和鼯鼠等飞行脊椎动物身上，却有类似的结构，且都用于支撑飞行翼膜。虽然当时的天空翼龙成群，但奇翼龙的骨骼结构显示它是实实在在的恐龙而非翼龙。在所有已知恐龙中，借“翼膜”而非“羽毛”飞行，奇翼龙是独此一家，也算是恐龙中的另类了，它的名字也由此而来。此外，奇翼龙还保持着一项“世界之最”，它的学名“*Yi qi*”使用了中文拼音，只有四个英文字母，是世界已知名字最短的恐龙；考虑到一个双名法命名的生物学学名所应包含的信息，估计这个“世界纪录”很难被打破了！

前文提到的赫氏近鸟龙也是燕辽生物群的重要成员，它与奇翼龙不同，是“常规”的用羽毛飞行的恐龙。而且近鸟龙是目前世界已知时代最早的带羽毛的恐龙，它与其他带羽毛恐龙一起为鸟类和飞行的起源研究提供了重要素材。这也是燕辽生物群对世界古生物学研究的一个重大贡献。

除了恐龙外，燕辽生物群的翼龙种类也非常丰富，其中的悟空翼龙类（见第 94 页）代表了两大传统翼龙类群（喙嘴龙类和翼手龙类）之间的过渡类型，为翼龙的演化提供了重要新知。此外，哺乳动物在该生物群中无疑占据了一个重要的位置，因为它们演化出了多种生态类型，如半水生的獭形狸尾兽、地穴型生活的短指挖掘柱齿兽、树栖的攀援灵巧柱齿兽，以及最早会滑翔的远古翔兽（见第 186 页）等。这也是该生物群除了“毛茸茸的恐龙”之外又一个重要特色。

奇翼龙生态复原图（来源：徐星）

大事件⑦
羽毛的演化

有趣的是，羽毛最早出现的时候，
并不是为了飞行这个功能。

这一叶片状的结构完全由一种角蛋白构成，这种蛋白质也是七鳃鳗的牙齿、爬行动物的鳞片、哺乳动物的毛发以及人类指甲的主要成分。

始祖鸟的羽毛（摄影：阿里尔德·哈根 Arild Hagen）

麻雀会是霸王龙的亲戚吗？怎么看都不像！但化石记录显示：鸟类的确是从恐龙中演化出来的。1亿多年前生活在我国东北的各种“带羽毛的恐龙”，正是鸟类起源于恐龙的非凡证据。**有趣的是，羽毛最早出现的时候，并不是为了飞行这个功能，而主要是保温和展示**（向同伴炫美或示警以及迷惑捕食者），直到飞羽的出现。

鸟类的飞羽是一个非凡的生物学创新。在羽轴的两侧有细丝状的羽枝形成的羽片，羽枝之间又有羽小枝相连。这一叶片状的结构完全由一种角蛋白构成，这种蛋白质也是七鳃鳗的牙齿、爬行动物的鳞片、哺乳动物的毛发以及人类指甲的主要成分。坚韧的飞羽着生在手臂和手上，与其他骨骼并无关联，却足以形成一个完美的空气动力学平面。

过去一直认为，在脊椎动物中，只有鸟类才有羽毛。1996年，中国辽宁西部一件化石的发现打破了这一传统观念。一具恐龙骨骼上发现了黑色的丝状物，而这些丝状物被证实是原始的羽毛，于是一个似龙又似鸟的动物诞生了。最初的研究者甚至根据拥有羽毛这一特征，把它命名为原始中华龙鸟，归入了鸟类。但后来的研究发现，它其实是一种与鸟类亲缘关系比较远的美颌龙类恐龙。

千禧中国鸟龙的丝状羽毛可用于保温（摄影：张杰）

更多的带羽毛恐龙随即在中国白垩纪早期的热河生物群和侏罗纪中晚期的燕辽生物群中一一登场。这些动物身上的羽毛种类和结构也各不相同，显示了羽毛演化的复杂过程。化石证据显示，羽毛的演化的确是从丝状的原始羽毛开始的，它们与爬行动物的鳞片具有相同的来源。推测这些鳞片在发育过程中因突变出现丝状的形态，而这一变化却起到了“穿毛衣”一样的功效，对维持动物体温具有极大的帮助，于是这一特征被自然选择保留下来。

窃蛋龙类的尾羽龙，

很可能用它漂亮的尾羽吸引一个心仪的终身伴侣。

之后丝状羽毛分叉、成簇，然后出现羽轴，再形成片状的羽毛。片状的羽毛不仅可以用于展示，也可以用于滑翔。然而只有当羽轴偏向一侧，产生左右不对称的羽片结构时（如下图中的9型），片状羽毛才具有真正的空气动力学功能。拥有这样羽毛的动物终于得以在蓝天中自由地飞翔。

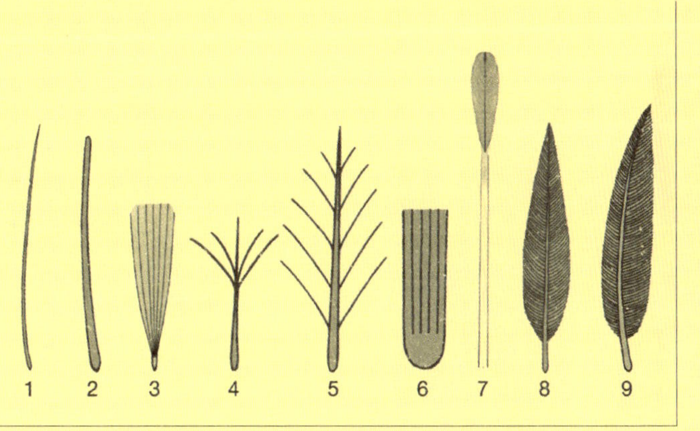

羽毛的演化阶段示意图（来源：徐星）

羽毛的演化主要发生在恐龙家族中，虽然它们可能出现得更早。丝状羽毛见于兽脚类的原始中华龙鸟、千禧中国鸟龙、华丽羽王龙等，甚至鸟臀类的鹦鹉嘴龙中；而片状羽毛目前仅见于三大类兽脚类：窃蛋龙类、恐爪龙类和鸟类。属于窃蛋龙类的尾羽龙很可能用它漂亮的尾羽吸引一个心仪的终身伴侣。而恐爪龙类（因为拥有巨大的第二趾爪而得名）被认为是与鸟类亲缘关系最近的恐龙支系。它包括伤齿龙和驰龙两个类群，其中都不乏飞行能手，比如前面提到的赫氏近鸟龙和顾氏小盗龙。恐龙在不断的试飞尝试中完善自己的飞行能力，其间可能还经历了一个“四个翅膀”的演化阶段。终于，会飞的恐龙演化为鸟类，并取代翼龙成为蓝天的霸主。

尾羽龙充分显示了羽毛的展示功能（绘图：杨恩生）

精致的羽毛使鸟类追随它们的恐龙祖先，加入了飞行俱乐部。同时也告诉我们，鸟类其实就是“未亡的恐龙”。

小盗龙：白垩纪的双翼滑翔机

展品名称：顾氏小盗龙（骨骼和羽毛化石）
物种学名：*Microraptor gui* Xu *et al.*, 2003
生活时代：白垩纪早期（距今约 1.2 亿年前）
化石产地：辽宁省朝阳市
展出位置：中国古动物馆一层“热河生物群”展区
——中国科学院古脊椎动物与古人类研究所——

顾氏小盗龙化石（来源：中国古动物馆）

电影《侏罗纪公园》中有一种集体捕猎且会用爪子开门的恐龙，它们甚至还会用长有利爪的脚趾敲击地面做“思考状”。这种聪明而凶猛的恐龙的原型是迅猛龙，属于驰龙类恐龙。我国也有一类举世闻名的驰龙类恐龙，这就是小盗龙。

小盗龙体长（包括长尾）不到 90 厘米，是世界已知极小的非鸟恐龙之一；目前发现了三个种：赵氏种、顾氏种和汉卿种，化石都产自我国辽宁西部。2000 年，当赵氏小盗龙被发现的时候，它弯曲的爪子等树栖特征让研究者认识到，这种小型恐龙喜欢栖息在树上，推测其可能擅长在树枝间跳跃、捕食或躲避敌害。

赵氏小盗龙生态复原图（绘图：李荣山）

随后发现的顾氏小盗龙保存了精美的羽毛印痕，显示这种恐龙的前后肢都惊人地具有与鸟类一样的片状飞羽，两对翅膀张开，能够做滑翔式的飞行。这样的飞行方式就如同莱特兄弟发明的双翼滑翔机一样，于是它被称为“四翅恐龙”或形象地称为“恐龙中的双翼滑翔机”。一些早期古鸟类的后肢也经常具有飞羽，从而显示从恐龙到鸟类演化、学习飞行的过程中，的确存在一个“四翅”阶段，这也与人类学习飞行的过程不谋而合吧！

2012年，在小盗龙的羽毛中发现了色素体，证明这种恐龙具有蓝黑色的羽毛。而后科学家又在小盗龙的胃容物中发现鸟类和鱼的残骸，于是对它们的食性有了新的认识。从新旧复原图的对比中，可以看出科学研究逐渐深入的过程。

小盗龙是热河生物群的重要成员，为鸟类起源于恐龙的假说、鸟类飞行的“树栖起源假说”以及“四翅演化阶段”的存在提供了重要的化石证据。正是因为它的重要性，在中国古动物馆2011–2012年的网上征集中，小盗龙荣幸地入选“中国恐龙五宝”。

最后要纠正电影中的一个小错误：在《侏罗纪公园》中迅猛龙身高2米，体重80千克，身披鳞片，冷酷而狡诈。然而真实的迅猛龙臀高50厘米，身披羽毛，体重不到15千克。所以我们还是称它的另一个名字“伶盗龙”为佳，这样也与小盗龙更像是般配的“兄弟”。

顾氏小盗龙的新（大图）旧复原图（来源：徐星）

专家讲故事（11）

徐星：
中国科学院古脊椎动物与古人类研究所研究员，伦敦地质学会荣誉会员，世界知名恐龙学家。

扫码听故事

知识窗 5

热河生物群：中国的“白垩纪公园”

距今约 1.31–1.2 亿年前的白垩纪早期，一群生活在我国辽宁西部、河北北部和内蒙古东南部等地的恐龙时代的远古生物出演了一部辉煌的生物演化大片。那里是 20 世纪 20 年代原“热河省”的区域，该生物群也因此而得名。

热河生物群中的代表性生物是一种鱼类（戴氏狼鳍鱼）和两种无脊椎动物（三尾类蜉蝣和东方叶肢介），然而它最著名的成员却是各种各样的带羽毛的恐龙。1996 年属于美颌龙类的原始中华龙鸟在辽宁的发现是中国恐龙研究史上的一个里程碑。人们首次了解到一些恐龙身上长有原始的羽毛。此后 20 多年间，辽西地区出土了多种带羽毛的恐龙，如暴龙类的奇异帝龙、镰刀龙类的意外北票龙、窃蛋龙类的董氏尾羽龙和粗壮原始祖鸟、伤齿龙类的华美金凤鸟以及驰龙类的千禧中国鸟龙和顾氏小盗龙（见第 137 页）等，明确支持了鸟类起源于恐龙的学说，并为羽毛和飞行的起源与早期演化提供了重要信息。

保持着睡觉姿势的寐龙化石（摄影：阿里尔德·哈根 Arild Hagen）

猎手鬼龙 头骨

IVPP V17083

原始中华龙鸟生态复原图（绘图：赵闯）

热河生物群中还有多种翼龙（如董氏中国翼龙、顾氏辽宁翼龙）、古鸟类（如圣贤孔子鸟、原始热河鸟）、原始蛙类（如葛氏辽蟾）、早期哺乳动物（如强壮爬兽），以及最早的被子植物（如辽宁古果）等，展现了一个鸟语花香的"白垩纪公园"。它为解决鸟类起源、被子植物起源、真兽类哺乳动物起源等世界性难题提供了重要的科学证据。**热河生物群也因此被学者们称为"20世纪古生物界最重大的发现之一"**。

因为该地区当时频繁的火山活动，辉煌的生命终结于富含火山灰的湖泊相沉积岩中，但也因此造就了一个世界级的化石宝库。这里的众多化石保存得精美绝伦，有时连眼睛、皮肤等软组织印痕都保存了下来。人们称它是"中生代的庞贝城"[12]。

与该生物群研究相关的"辽西中生代华夏鸟类群和孔子鸟类群及鸟类的早期演化"研究和"热河脊椎动物群的研究"分别荣获了2001年和2007年国家自然科学奖二等奖。至今新的成果仍然不断出现，比如2017年新命名的恐龙（腾氏嘉年华龙）和古鸟类（奇异食鱼反鸟、多齿胫羽鸟）等。相信这个举世瞩目的化石生物群将会给世人带来更多的惊喜，并解答出更多的科学问题！

温馨提示：在中国古动物馆一层热河生物群展区，大家可以见到巨爬兽、董氏中国翼龙、梅勒营鹦鹉嘴龙、顾氏小盗龙、圣贤孔子鸟等众多珍贵标本。

知识窗 6
恐龙灭绝了吗？

陨石撞地球（绘图：赵闯）

白垩纪结束的时候，除鸟类以外的恐龙家族成员遭遇了灭顶之灾。这次事件确切的起因仍不清楚，目前主要有以下几种假说：一颗直径约 10 千米的小行星撞击了地球，散发出的尘埃遮蔽了阳光，气温急剧下降，摧毁了恐龙赖以生存的食物链；印度次大陆发生持续的火山喷发事件（证据为大范围的玄武岩[13]），对全球环境造成破坏；恐龙吃了受到污染的食物，生殖功能出现障碍而灭亡；新出现的被子植物含有特殊的生物碱毒素，导致恐龙食物中毒；白垩纪全球气候季节性更加明显，昼夜温差变大，暖湿气候区缩小，恐龙无法适应而灭亡等。

无论哪种假说，距今约 6600 万年前，地球上的确发生了一次生物集群灭绝现象，当时地球上 75% 的生物都灭绝了，而恐龙只是这一灭绝事件的一小部分。目前较为盛行的一个假说是“小行星撞击地球说”。

这一假说拥有很多证据，铱异常是其中一个。铱元素在地壳中含量非常少，而在白垩纪晚期的岩层中有 100 多个铱异常地点，其中铱的含量高出正常值数倍甚至数十倍，显示出地外物质的加入。更为重要的证据是，小行星撞击地球的位置也被找到了，位于墨西哥的尤卡坦半岛。据推测这颗小行星直径 10–15 千米，撞击后留下的陨石坑直径 180 千米。这一撞击的影响是巨大的，撞击产生的烟尘遮天蔽日，很可能造成了核冬天效应，使大量植物死亡，随之而来的是植食性恐龙因为缺乏食物而死亡，而后是肉食性恐龙，最终生态系统崩溃，结果包括非鸟恐龙在内的大部分陆地生物都灭绝了。

然而确有一些脊椎动物幸存下来，生活在河湖环境内的许多类群，如鱼类、两栖类、龟鳖类和鳄类等都没有灭绝。当然还有一直在默默演化的哺乳动物，以及恐龙的后代——鸟类。作为大灭绝的幸存者，所有动物的体型都大为缩小。

我国白垩纪晚期的恐龙动物群显然见证了恐龙帝国的余晖。著名化石如内蒙古的亚洲古似鸟龙、安氏原角龙和格氏绘龙，河南的巨型汝阳龙、广东的黄氏河源龙、山东的巨型山东龙、黑龙江的黑龙江满洲龙等。其中古似鸟龙是像鸵鸟一样的兽脚类恐龙，有3–4米长；它有一对长而苗条的后肢，脚像鸟脚，有三趾，显示这是一种擅长奔跑的恐龙。而中加恐龙计划考察队在内蒙古一个化石坑中采集到集体埋藏的保存完好的幼年绘龙，显示这类甲龙可能是群居生活的动物；诸城的巨型山东龙则是世界已知的最大的鸟臀类恐龙，它没有华丽的头冠，但化石数量巨大，暴露在几个上万平方米的区域中，很可能是史前大洪水的牺牲品。

恐龙灭绝了吗？应该说有些恐龙灭绝了，而且中生代的恐龙帝国终结于白垩纪末的大灭绝事件。但**作为带羽毛恐龙的后代——鸟类逃过了劫难，成为新生代天空的主人。**

砸向墨西哥湾的巨型陨石（绘图：唐纳德·戴维斯 Donald E. Davis）

绘龙 头骨

本章注释

1 关岭生物群是生存于距今约 2.2 亿年的三叠纪晚期的一个海洋生物群，保存了海洋爬行动物（包括海龙、鱼龙、楯齿龙、龟等多个类群）、鱼类和海百合等的精美化石，因化石富集于贵州关岭县而得名。

2 蜥脚型类是一类长颈、植食性的恐龙，与兽脚类合称“蜥臀类”。我国著名的蜥脚型类代表有禄丰龙、马门溪龙、汝阳龙等。过去曾使用的“原蜥脚类”因不是自然类群而被归入了原始的蜥脚型类中（如禄丰龙）。

3 始祖鸟化石目前仅发现于德国巴伐利亚省，最初依据一根羽毛化石命名，后来发现了 11 件骨骼化石，分别被英国、德国、荷兰等地的博物馆或私人收藏。化石产出的岩石是侏罗纪晚期沉积的细粒的海相灰岩，因质地坚硬且表面光滑，被当地用作印刷的刻板，印版石始祖鸟的种名也由此而来。

4 有鳞类包括各种蜥蜴（含蚓蜥）和蛇类，与新西兰特有的楔齿蜥类等一起构成鳞龙型类。根据爬行类数据库（http://www.reptile-database.org）最新统计，有鳞类含 1 万余个现生种，是现生爬行动物中最大的类群。已知最大的有鳞类是白垩纪晚期的海生蜥蜴——沧龙，体长可达 17 米。

5 引鳄类是生活在距今 2 亿多年前的三叠纪早中期的一种大头而笨拙的原始主龙型类。体长可超过 5 米，是当时最大的肉食动物。化石见于南非、俄罗斯和中国。

6 生物分类采用双名法，由瑞典博物学家林奈（Carl von Linné）创立。以许氏禄丰龙（*Lufengosaurus huenei*）为例，*Lufengosaurus* 是属名，*huenei* 为种名；许氏禄丰龙是中文译名，与拉丁学名中的属种顺序相反。

7 在描述恐龙食性时，应慎用“食草恐龙”的说法，因为草属于禾本科被子植物，它们到了白垩纪晚期才广泛出现。因此那些早期的恐龙如马门溪龙根本就没见过草。

8 腰带骨骼是连接后肢和脊柱的一系列骨骼（人类中愈合为“盆骨”）。在恐龙中包括髂骨（也称“肠骨”）、坐骨和耻骨各一对。大多数蜥臀类恐龙的耻骨伸向前下方，类似蜥蜴；鸟臀类恐龙的耻骨伸向后下方，类似鸟类，这是蜥臀类恐龙和鸟臀类恐龙名字的来源。

9 除了恐龙外，禄丰恐龙动物群还拥有鳄型类（裂头鳄、叶齿鳄、扁颌鳄）、楔齿蜥类（格罗塞斯特蜥）、哺乳动物的早期代表（形似鼩鼱的摩根尖齿兽、中国尖齿兽、巨颅兽等）及其下孔类近亲三列齿兽类（卞氏兽）等。它是我国最知名的侏罗纪早期动物群。

10 鸭嘴龙类属于鸟臀类恐龙中的鸟脚类，两足行走，具有鸭子一样的扁嘴。但它们口的中后部却有多达 1000 多颗牙齿，是牙齿最多的恐龙。内侧的新牙一颗颗替换外侧的旧牙，于是鸭嘴龙能够吃比较坚韧的植物。

11 副鸟类包括擅攀鸟龙类、恐爪龙类、鸟类及其他一些与鸟类亲缘关系较近的恐龙。

12 庞贝城是一座遗址位于意大利的古罗马城市。公元 79 年，距城 8 千米的维苏威火山喷发将整个城市和它的居民掩埋在最深达 25 米的火山灰下。直到 1599 年庞贝城才被重新发现。高温的火山碎屑流是夺取众多生命的主要原因，有学者推测热河生物群也面临了同样的灾难。

13 玄武岩是一种喷出性成因的火山岩，由含二氧化硅（即玻璃和沙子的主要成分）成分较少的基性的火山岩浆在地表或接近地表的地方快速冷却形成；一般颜色较深，多气孔。

热河生物群的早期生态复原图（绘图：曾孝濂）

第四章：
羽翼飞天的鸟类

热河鸟：中国已知最原始的鸟

展品名称：原始热河鸟（含胃容物的骨骼化石）
物种学名：*Jeholornis prima* Zhou et Zhang, 2002
生活时代：白垩纪早期（距今约 1.2 亿年前）
化石产地：辽宁省朝阳市
展出位置：中国古动物馆二层“鸟类”展区
——中国科学院古脊椎动物与古人类研究所——

原始热河鸟化石（来源：中国古动物馆）

吃种子的现代鸟类实在是太常见了。那么，远古的鸟类是什么时候开始吃种子的？在中国东北地区距今约 1.2 亿年前的河湖相地层中，已经发现了好几种吃种子的鸟类。其中最著名的要算是原始热河鸟了。**原始热河鸟是中国已知最原始的鸟类**，它因为特征的原始以及产自热河生物群而得名。

热河鸟体长约 60 厘米，其标本显示出一系列从恐龙到鸟类的过渡特征：尾巴由一长串椎骨构成（现代鸟类的尾部，骨骼只剩一截能附着羽毛的短棒——尾综骨）；嘴里长有细小的牙齿（现代鸟类无齿），翅膀

原始热河鸟生态复原图（绘图：许勇）

上长有三个锋利的爪子（现代鸟类翅膀上无爪）。上述这三点特征都显示出热河鸟与其恐龙祖先的相似性。

热河鸟的口部在已经发现的早期鸟类中也非常特别，它仅在下颌有少量几颗牙齿，而上颌无齿。不过无论是上颌还是下颌都显得十分粗壮。这表明，热河鸟的喙能咬开比较坚硬的果壳。最特别的是，在原始热河鸟正型标本的胃部区域，保存了50多枚植物种子，直接显示出这只古鸟最后的晚餐。

其他一些吃种子的鸟类（如朝阳会鸟和高冠红山鸟）甚至已经有了嗉囊，这可是第一次在如此古老的鸟类中发现这类结构！现代鸟类的嗉囊是食管后段的一个膨大的部分，它不仅可以暂存食物，还可以润湿和软化食物，有助于消化。在上述古鸟类的胸廓前，发现了残存的球形种子团，恰巧就处于现代鸟类嗉囊的位置。

由此看来，这个时期的一些古鸟类不仅吃种子，而且有了专门的器官帮助储存、消化种子。有趣的是，除了嗉囊外，会鸟、红山鸟的胃中还保存了胃石，这是鸟类吃种子的另外一个佐证——胃石能够进一步帮助研磨这些坚硬的食物。根据这些特征，我们知道

原始热河鸟腹中的植物种子化石（来源：中国古动物馆）

1 亿多年前的远古鸟类几乎拥有了一套和现代以种子为食的鸟类一样的消化系统。

最近一项新的发现更为有趣，它显示一些热河鸟具有奇特的“双尾羽”构造：尾的前部发育了 5–6 根类似于现代鸟类的扇状尾羽，而尾的后端保留了 11–13 根类似于某些带羽毛恐龙（如尾羽龙、小盗龙）的较为细长的片状尾羽。这一非常奇特的“双尾羽”特征，与一些性双型[1]的现代鸟类很相象。这是即将求偶的雄性热河鸟吗？也许需要更多的化石证据才能解答这个疑问。

专家讲故事（12）

邹晶梅（Jingmai K. O'Connor）：中国科学院古脊椎动物与古人类研究所研究员，古鸟类专家。

扫码听故事

知识窗 7
鸟的演化

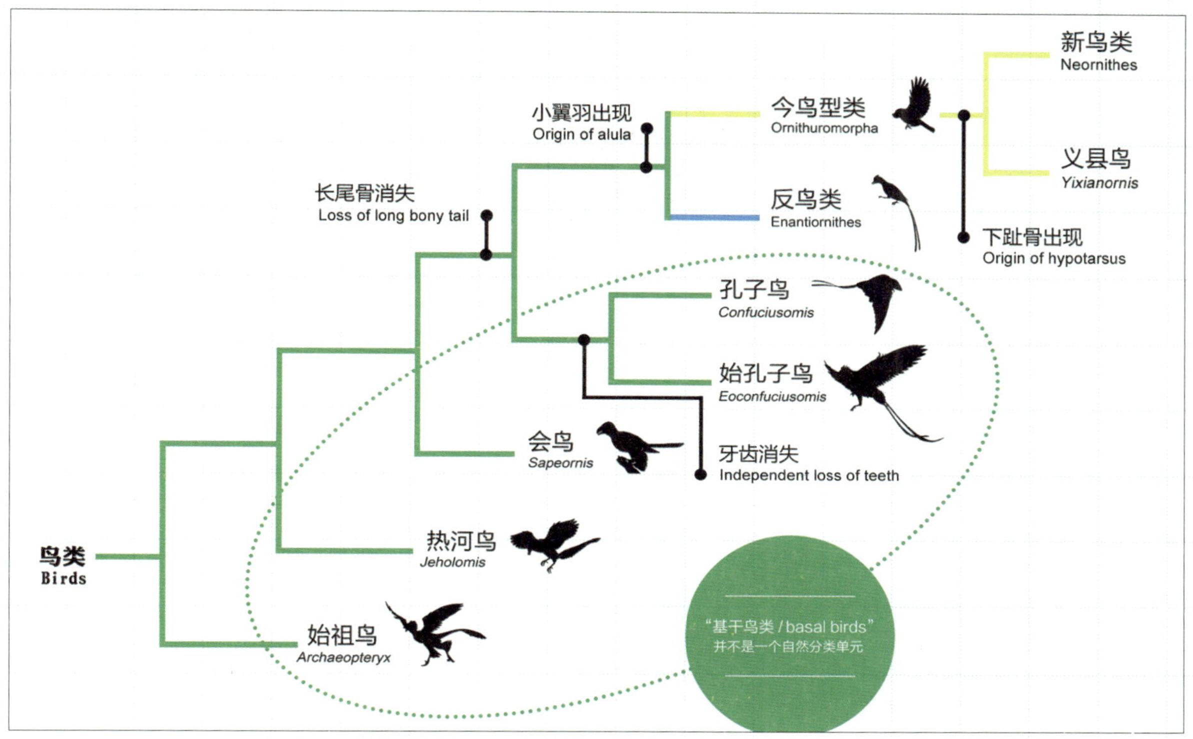

鸟类演化史简图（来源：中国古动物馆）

鸟类是四足类脊椎动物中种类最多和分布最广的类群。现生鸟类有 10000 多种，遍布世界各地。一般认为德国侏罗纪晚期（距今约 1.5 亿年）的印版石始祖鸟是世界已知最原始的鸟类。近年在中国北方发现了一批侏罗纪中晚期的带羽毛恐龙以及白垩纪早期的原始鸟类，为研究鸟类的起源与早期演化，以及鸟类飞行和羽毛的起源提供了重要信息。**现在多数学者认为鸟类起源于小型兽脚类恐龙，而且在飞行的演化过程中，有一个“四翅”的演化阶段。**

化石鸟类可分为三大类群：原始的“基干鸟类”、拥有特殊肩带骨骼关节的反鸟类[2]以及留下现生后裔的今鸟型类。“基干鸟类”包括始祖鸟、热河鸟、会鸟、孔子鸟等。这些原始鸟类保留了很多恐龙的骨骼特征：如尾骨长，翅膀上具较长的爪。同时它们又拥有鸟类的进步特征，比如其羽毛结构和现生鸟类几乎没有差异，有些种类已经具有了角质喙。

会鸟生态复原图（绘图：许益珂）

反鸟类因为其乌喙骨和肩胛骨的关节方式与现生鸟类相反而得名。反鸟类的化石在世界各地的白垩纪地层都有发现，种类丰富、生态多样且体型各异。反鸟类拥有许多“基干鸟类”所不具有，但今鸟型类具有的特征，如拇指上具有小翼羽（可以更好地控制飞行姿态）以及某些骨骼的愈合等。

今鸟型类包括所有现生鸟类（即新鸟类）及其已灭绝的化石近亲。现生鸟类无齿，具有鸣管可以发声。热河生物群的匙吻古喙鸟和葛氏义县鸟等是今鸟型类的早期代表，它们具有现生鸟类的一些特征，如愈合为一的跗蹠骨。

“基干鸟类”、反鸟类和大部分今鸟型类在白垩纪末期灭绝。仅新鸟类的一些早期成员幸存。新鸟类在新生代之初的古近纪迅速繁盛。中国现在的干旱地区也曾有大量水鸟如鸭类，而且鸵鸟曾遍布神州大地。周口店古人类遗址的化石记录显示，鹦鹉和沙鸡在北京曾十分常见。

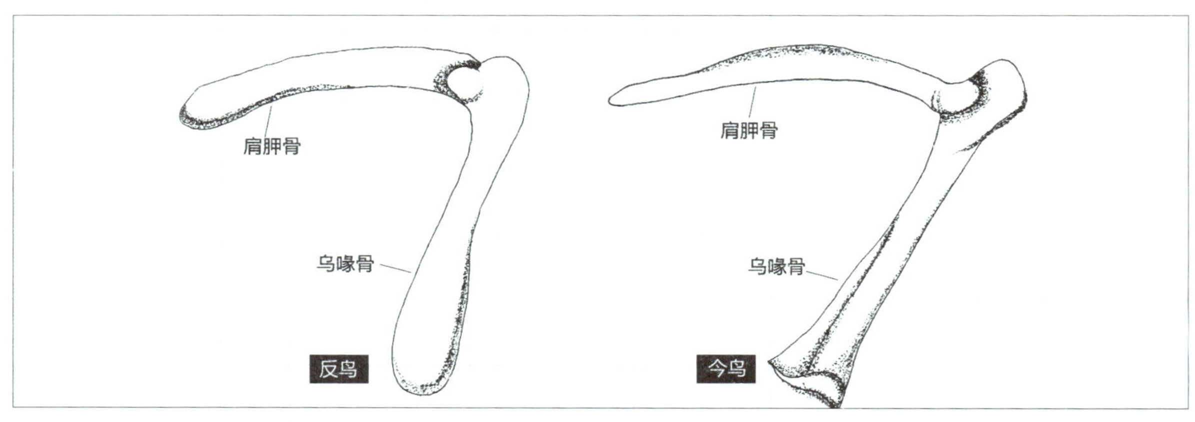

反鸟类和今鸟类的肩带骨骼对比图（绘图：葛旭）

步氏始反鸟

孔子鸟：最早具喙的古鸟之一

展品名称：	圣贤孔子鸟（保存在一起的两具骨骼化石）
物种学名：	*Confuciusornis sanctus* Hou *et al*., 1995
生活时代：	白垩纪早期（距今约 1.25 亿年前）
化石产地：	辽宁省北票市
展出位置：	中国古动物馆二层“鸟类”展区

中国科学院古脊椎动物与古人类研究所

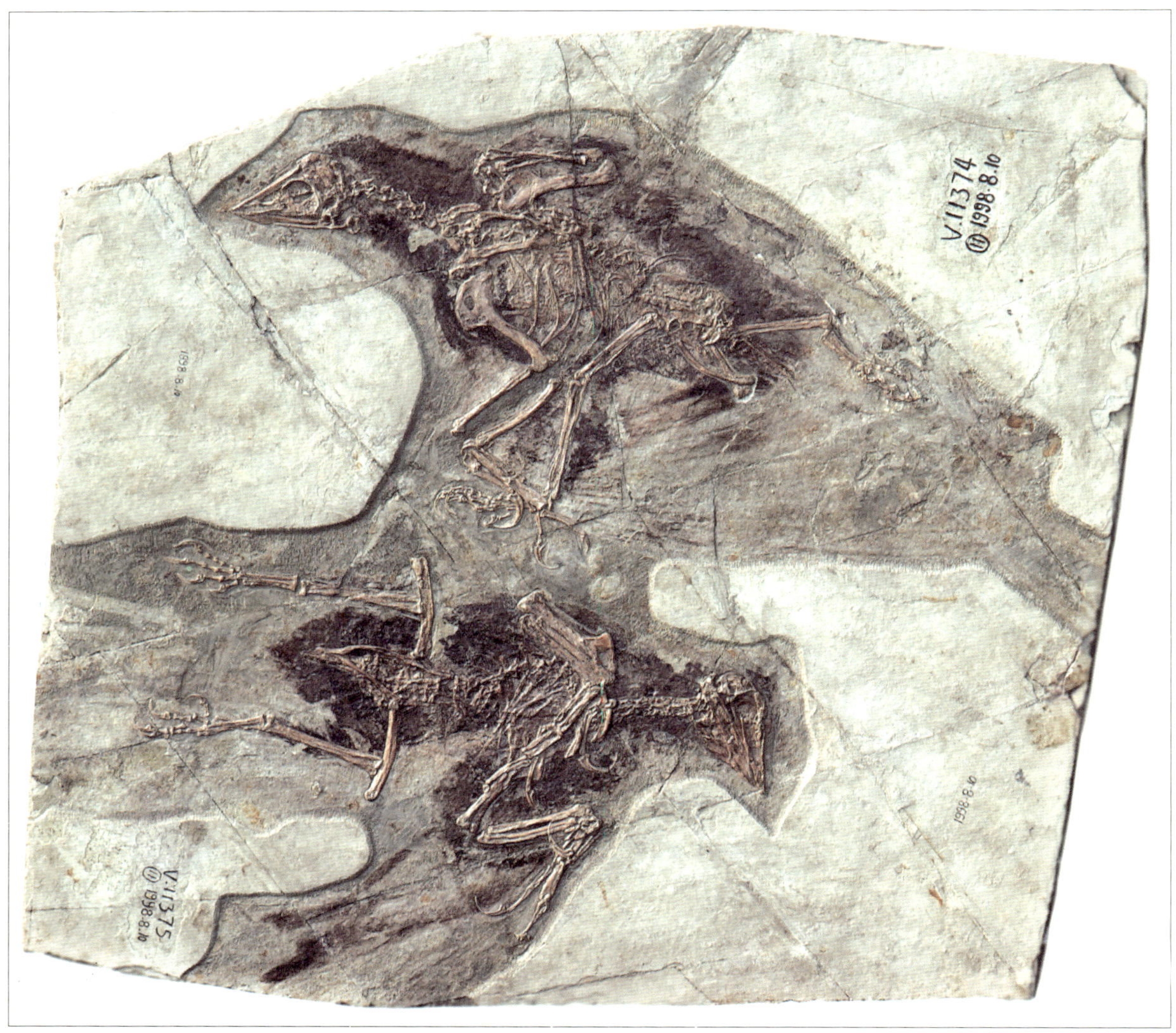

圣贤孔子鸟化石（来源：中国古动物馆）

大家都知道，现代鸟类的口中没有牙齿，它们靠鸟喙取食。但在大型恐龙繁盛的侏罗纪和白垩纪时期，不仅最古老的鸟类——始祖鸟嘴里有牙，而且从距今1.5亿年前一直到6600万年前一段漫长的时间内，大多数的古鸟类都保留有牙齿。人们确信拥有牙齿是鸟类从它们的恐龙祖先继承下来的古老特征。然而，生活在1.25亿年前的圣贤孔子鸟却颇具“创新”精神，成为世界已知最早无齿、具喙的古鸟类之一。

1995年，一件古鸟化石出现于中国辽宁省的一个小山村附近。这件标本显示了原始的头骨特征，而且翅膀上保留有发达的利爪，显然它代表一种过去未知的十分原始的古鸟类。研究者一开始认为它的生存时代是侏罗纪的晚期，而当时只有德国的始祖鸟是来自侏罗纪的，世界其他地区还没发现时代这么早的鸟类化石，这也凸显出这件化石的重要性。研究者给它起了一个响亮的名字：圣贤孔子鸟，以显示该鸟的中国特色和古老特征。

与绝大多数的早期鸟类不同，孔子鸟的牙齿已经

圣贤孔子鸟生态复原图（绘图：曾孝濂）

完全退化消失，代之以角质喙，这是一个进步特征，因为鸟类的恐龙祖先都是满嘴牙齿的。虽然角质喙一般不能保存为化石，但从颌骨上的印痕可以判断它的存在。孔子鸟的飞行能力比始祖鸟要强，而且后肢也更适于攀援树木。此外，孔子鸟与始祖鸟非常不同的另一个显著特征，就是骨质的尾椎已经愈合为一根很短的尾综骨，而始祖鸟还保留一套由 23 节尾椎形成的长尾。虽然具有角质喙这一特征和现生的鸟类相同，但孔子鸟显然是一类十分特化的古鸟，它和现生鸟类的起源没有直接的关系。

一般人认为，用喙取代牙齿可以减轻重量，这将有助于鸟类的飞行。但牙齿在脊椎动物捕食的过程中，毕竟还有鸟喙所无法取代的功能，所以牙齿并没有因为鸟喙的出现而在古鸟类群中马上消失。经过了漫长的演化适应后，鸟类的喙最终“战胜”了牙齿，而有喙的鸟类成功度过了 6600 万年前那次生物大灭绝事件的考验，随后在新生代取得了更大的成功，并繁盛至今。这应归功于始孔子鸟、孔子鸟、古喙鸟这些最早具喙的古鸟类的创新性尝试。

如今，孔子鸟可能已经成为世界上知名度仅次于始祖鸟的化石鸟类。这不仅是因为它的古老特征与具有角质喙的进步特征的奇妙组合，而且还由于它巨大的标本数量。目前**孔子鸟已经发现了成百上千件标本，毫无疑问地成为世界上化石发现最多的中生代古鸟类**。如此众多的化石标本和完整的保存，对于鸟类化石来说，恐怕在世界上也是绝无仅有的现象。大量个体的集中保存，一方面和集群死亡事件有关（另见第 142 页）；另外一方面，可能还表明孔子鸟具有集群生活的特点。一般认为，雄性孔子鸟具有一对很长的尾羽而区别于雌性。在一些石板上，孔子鸟的雌雄个体相伴而亡，谱写了一曲爱情的悲歌。

具有长尾羽的圣贤孔子鸟化石（来源：中国古动物馆）

会鸟：最早会翱翔的大鸟

展品名称：朝阳会鸟
物种学名：*Sapeornis chaoyangensis* Zhou et Zhang, 2002
生活时代：白垩纪早期（距今约 1.2 亿年前）
化石产地：辽宁省朝阳市
展出位置：中国古动物馆一层“热河生物群”展区
——中国科学院古脊椎动物与古人类研究所——

朝阳会鸟化石（来源：中国科学院古脊椎动物与古人类研究所）

鸟类的早期演化是从小型恐龙开始的，为了减轻体重适应于飞行，它们的身材都很短小。但很快，一种大型鸟类脱颖而出。

朝阳会鸟的第一件标本是 2000 年夏天在辽宁省朝阳市附近发现的。鉴于中国辽西古鸟类的重大发现，国际古鸟类与演化学会每四年一次的学术研讨会同年在辽宁省朝阳市召开。研究者将它命名为会鸟，以纪念此次大会。根据骨骼尺寸，**会鸟是当时世界已知最大的白垩纪早期鸟类**。

会鸟前肢很长，翼展可达 1.4 米；翅膀末端收缩，显示它是一种擅长翱翔的鸟类。这也是首次在早期鸟类中发现此种进步的飞行方式。会鸟拥有一个尾综骨，这是另一个较始祖鸟进步的特征，但它是具有尾综骨的鸟类中最原始的。它的生长缓慢，类似于始祖鸟和小型恐龙，而不似现代鸟类。会鸟仅上颌保存了少量的牙齿。牙齿退化曾经在恐龙到鸟类的演化过程中多次发生，对食籽的适应或许是其中一个原因。

研究人员推断会鸟也是植食性动物，可能喜欢吃植物的种子。这个推测在 10 多年后得到了证实。2011 年 9 月，《美国科学院院刊》发表了中国科学院古脊椎动物与古人类研究所周忠和等中外学者合作研究的一项成果，该成果显示在辽西白垩纪早期的朝阳会鸟和高冠红山鸟两种原始鸟类的三件标本上，都保存了鸟类嗉囊的化石证据。这也是最早的鸟类嗉囊记录。嗉囊中充满了可能属于未知裸子植物的种子。此外，这两种鸟类的腹部区域还保存了胃石，表明这些早期植食性鸟类已经具有了和现代鸟类相似的消化器官。

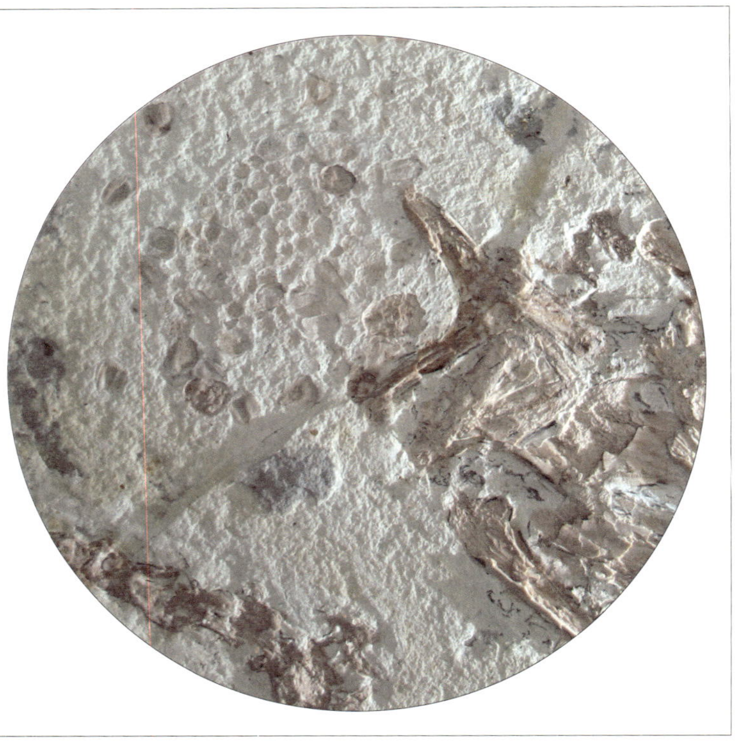

保存有嗉囊化石证据的会鸟（左）和会鸟嗉囊中的种子（右）（来源：周忠和）

翱翔加嗉囊，会鸟身上的创新配置令人瞩目！然而这还没有结束。2013 年 *Science* 杂志在线刊登了山东临沂大学和中国科学院合作的一项关于鸟类羽毛的最新成果。该项成果表明，包括会鸟在内的 11 件早期原始鸟类的后肢上都保存有显著的羽毛，并且后肢的羽翼也具备协助飞翔的空气动力学功能。此前只在带羽毛的恐龙中发现过“四个翅膀”的情况（如小盗龙、近鸟龙），如今“四翅”古鸟类的发现进一步说明，在从恐龙向鸟类演化的进程中，的确存在一个“四翅”的阶段——这是带羽毛恐龙和早期古鸟类尝试学飞的阶段。会鸟真是一种勇于创新的古鸟，我们应该对它充满敬意！

专家讲故事（13）

周忠和：
中国科学院院士、美国科学院外籍院士、国际古生物学会主席，中国科学院古脊椎动物与古人类研究所所长、研究员，世界知名古鸟类学家。

扫码听故事

原羽鸟：最原始的反鸟

展品名称：丰宁原羽鸟（骨骼和羽毛化石）
物种学名：*Protopteryx fengningensis* Zhang et Zhou，2000
生活时代：白垩纪早期（距今约 1.3 亿年前）
化石产地：河北省丰宁满族自治县
展出位置：中国古动物馆二层“鸟类”展区
——中国科学院古脊椎动物与古人类研究所——

丰宁原羽鸟化石（来源：中国古动物馆）

羽毛一直被认为是鸟类所特有的结构，它把鸟类从其他脊椎动物中区分开来，比如过去认为爬行动物典型的特征是身披鳞片，哺乳动物是身披毛发。直到1996年中华龙鸟的发现，学术界才认识到，有些爬行动物，比如恐龙身上也可以长有羽毛。这些小型兽脚类恐龙身上的毛状的皮肤衍生物被认为代表一种原始的羽毛。然而，这些把恐龙与鸟类联系在一起的毛状物没有为鸟类羽毛与爬行动物的鳞片之间建立起更多的联系。直到2000年，一件重要化石的发现填补上了这个空白。

2000年12月，美国*Science*杂志发表了一篇由中国科学院古脊椎动物与古人类研究所张福成和周忠和撰写的重量级论文，他们报道了产自河北丰宁县的**世界已知最原始和时代最古老的反鸟类——丰宁原羽鸟**。原羽鸟因为保留了一种前所未知的原始羽毛类型而得名。

原羽鸟身上保存了三种羽毛类型：头部和全身都覆盖着鸟类身上常见的绒羽[3]，最长的绒羽在颈部，平均可达18.3毫米；翅膀上有典型的飞羽，最长可达94毫米。中央尾羽最为特别，代表过去未知的一种羽毛形态：两条长长的尾羽的近端没有羽支状的分支结构，羽轴两侧为均质的羽片，中部也是如此，这非常类似于爬行动物的鳞片；而直到尾羽的远端，才分化出的羽支和羽轴，与鸟类羽毛一致。这种既似鸟类羽毛，又似爬行动物鳞片的尾羽被认为是一种演化的过渡类型，它为羽毛的早期演化研究提供了非凡的证据。但是最新的研究提出，这种羽毛类型可能是早期羽毛退化的结果，换句话说，是次生的结构。

丰宁原羽鸟生态复原图（绘图：张福成）

需要补充说明一点，原羽鸟的身上已经出现了小翼羽，这说明原羽鸟的飞行能力较强，在起飞、降落、空中悬停和空中完成各种技巧动作方面表现出色。然而与其他反鸟类相比，原羽鸟以具有未缩短的第1指和未愈合的腕掌骨和胫跗骨，表现出较原始的特征。这就是原羽鸟，一个进步与原始特征兼备，为鸟类羽毛的早期演化提供重要证据的中生代古鸟类。

燕鸟：食鱼的古鸟

展品名称：马氏燕鸟（骨骼化石）
物种学名：*Yanornis martini* Zhou et Zhang, 2001
生活时代：白垩纪早期（距今约 1.2 亿年前）
化石产地：辽宁省朝阳市
展出位置：中国古动物馆二层“鸟类”展区
中国科学院古脊椎动物与古人类研究所

马氏燕鸟化石（来源：中国科学院古脊椎动物与古人类研究所）

辽宁省的朝阳市曾是十六国时期鲜卑族政权燕国的古都。这里还是世界闻名的中生代鸟化石产地。燕鸟就是因为产自这里而得名，而其种名“马氏”被献给了美国古生物学家拉里·马丁（Larry Martin）教授。**燕鸟在发现之时就代表了今鸟型类在白垩纪早期最完整的化石记录。这的确是一件十分难得的完整标本。**

燕鸟的个体较大，头骨显著加长，颈椎也显著变细、变长，并为异凹型椎体，反映头颈部灵活性的增强以及取食能力的提高。它的牙齿粗壮，密集排列，上颌约有 10 颗牙齿，下颌约有 20 颗。燕鸟还具有较长的前肢，它能够在远高于背部的地方抬起它的翅膀，在飞行结构上和现生鸟类已没有明显区别，具备和现代鸟类相似的较强的飞行能力。尽管如此，该鸟仍然保留着一些原始特征，如具有牙齿，指爪较发育等，它是今鸟型类的原始代表。

根据燕鸟加长的吻部、发达的牙齿以及相对发达的前肢判断，它可能适应于捕捉鱼类等水中猎物。后来发现的化石证实了这一判断。在一些化石中发现了胃石和鱼类遗骸，而有一件标本还罕见地保留了燕鸟正在吞食一条鱼的情景。这些化石直接显示燕鸟是一种食鱼的古鸟[4]。或许正是因为食鱼获得的高能量使它有能力更好地飞行，迈入今鸟型类的门槛。

燕鸟的趾骨较长、而且近端趾节也相对较长，趾爪较短，这些特征表明它可能类似于一些现生的鸻形目的鸟类。它们多数时间在土质松软的湖岸浅滩上活动，捕食一些软体动物、鸟类和节肢动物，只有少数时间在树上生活。

2013 年古生物学家对包括燕鸟在内的 11 件保存着后肢羽毛或皮肤结构的不同的早期鸟类标本进行了仔细观察和对比研究，确认这些鸟类后肢羽毛的存在。证实了早期鸟类演化过程中曾存在一个与似鸟恐龙（如小盗龙）相似的四翅阶段，并且后肢羽翼在鸟类飞翔起源中曾扮演过非常重要的角色，也就是说一些早期的鸟类曾经用四个翅膀飞翔，虽然现今它们后腿上的

马氏燕鸟生态复原图（绘图：杨恩生）

飞羽早已不见踪影。

羽毛的起源和演化是鸟类飞翔行为发生的关键因素之一。研究人员推测，腿羽的演化与早期鸟类两套独立运动系统的演化是相关的，随着前肢和后肢在鸟类运动系统中逐渐偏重不同功能，前翼变得更加发达，而腿羽则逐步退化。徐星等人认为，鸟类从树栖环境转到陆地环境，尤其是转到近水环境，可能加速了腿羽的退化。

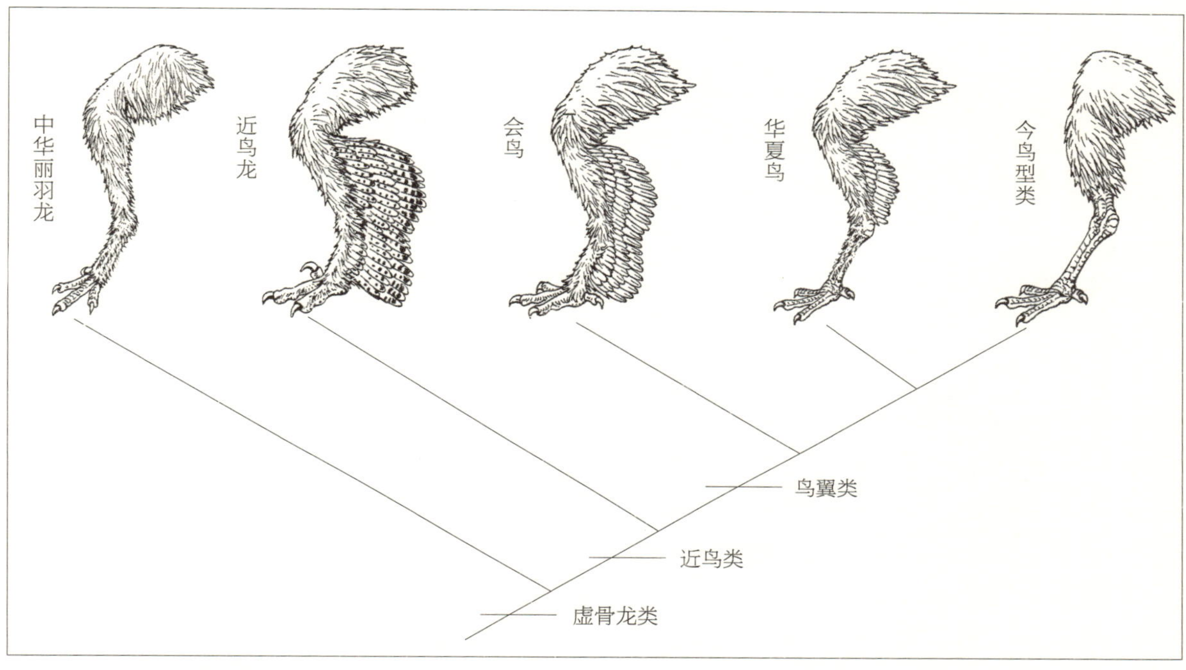

恐龙和鸟类腿羽的演化示意图（来源：徐星）

周忠和：
中国科学院院士、美国科学院外籍院士、国际古生物学会主席，中国科学院古脊椎动物与古人类研究所所长、研究员，世界知名古鸟类学家。

扫码听故事

中原鸟：能吃马的古鸟

展品名称：淅川中原鸟（胫跗骨远端化石）
物种学名：*Zhongyuanus xichuanensis* Hou, 1980
生活时代：始新世中期（距今约 4600 万年前）
化石产地：河南省淅川县
展出位置：中国古动物馆二层"鸟类"展区

中国科学院古脊椎动物与古人类研究所

淅川中原鸟胫跗骨远端化石（来源：中国古动物馆）

如果说，地球上曾经出现过吃马的鸟，你会不会觉得这是天方夜谭呢？其实地球历史上确实出现过一个"鸟吃马"的时代。

已知化石记录表明，早在 5000 万年前，现代马的祖先——始祖马就已经出现了。它们是最早的马，分布在欧洲和北美洲，脚趾的数目较多（前肢四趾，后肢三趾）。后来历经演化，古马脚趾的数量越来越少，陆续出现过渐新马、草原古马、三趾马等原始的种类，最后才出现了只有一个脚趾的真马。始祖马的个头很小，体型大小如犬。不幸的是，它与一些巨型的肉食性鸟类[5]生活在同一个时代。如果被后者"看中"，始祖马肯定是在劫难逃了。所以英国广播公司的一个

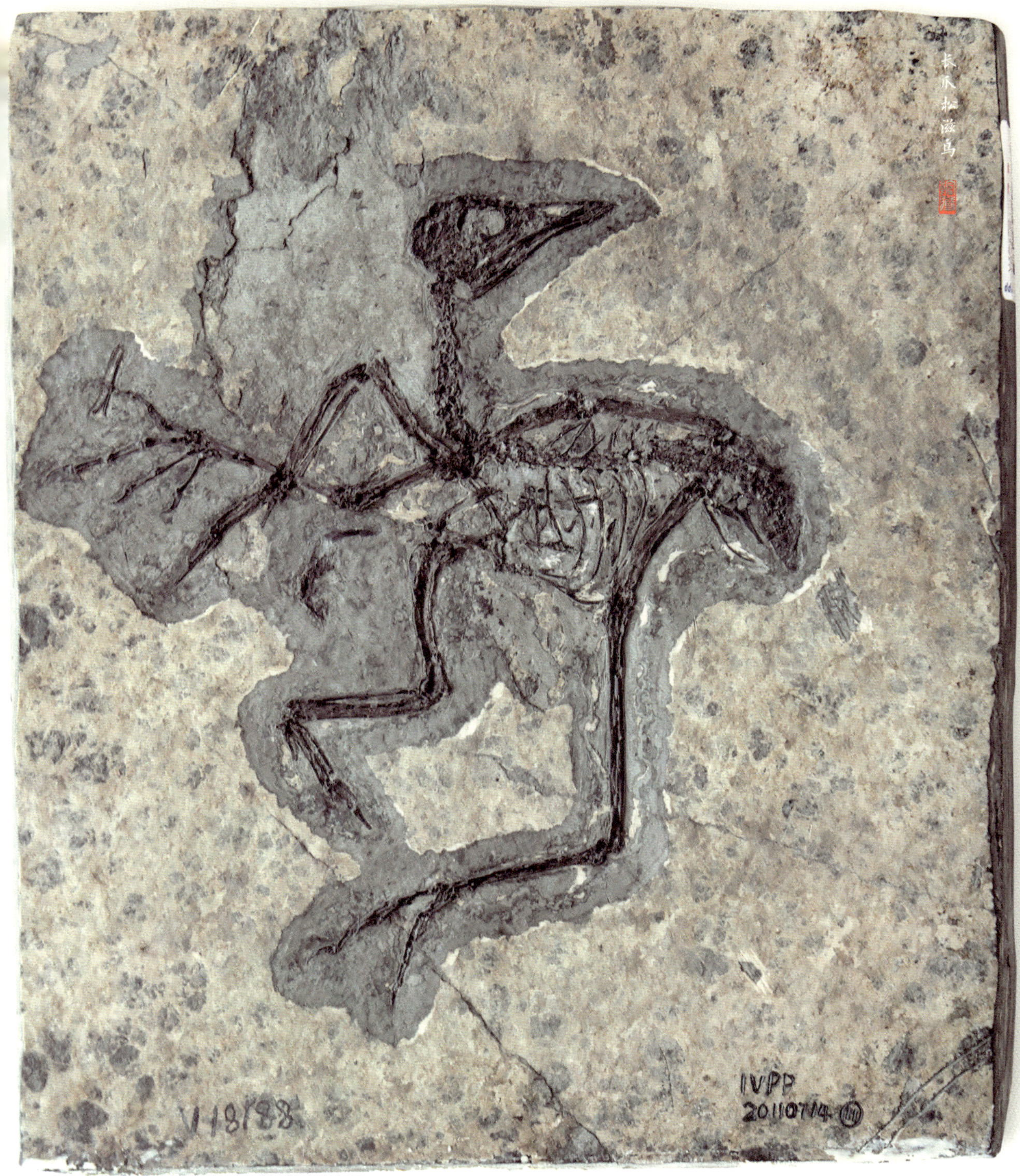
长爪松滋鸟
V18188
IVPP
20110714

电视节目曾这样形容始祖马生活的时代——注意，下面请用赵忠祥解说《动物世界》的语气读出这句话：**“这是一个鸟吃马的时代……”**。

生活在距今 4600 万年前的淅川中原鸟可能就属于能够“吃马”的巨型肉食性鸟类。一块腿骨的巨型关节头化石发现于河南省淅川县，显示这类巨鸟的存在。这也是典型的用产地命名属名和种名的古生物。研究者最初将中原鸟归入北美洲的不飞鸟目。中原鸟也因此成为我国时代最早的巨型鸟类，同时也是不飞鸟目已知唯一的亚洲代表。但近年来有学者认为，不飞鸟目并不成立，不飞鸟与中原鸟都应该被归入欧洲古近纪的加斯顿鸟目的加斯顿鸟属[6]。该属已知最大个体可达 2 米高，曾一直被认为是肉食性鸟类，但最近的足迹研究显示，加斯顿鸟缺少钩曲的爪子，所以可

加斯顿鸟复原图（来源：维基百科 Wikipedia）

能是一种植食性的巨鸟。如果此分类成立，中原鸟吃马的愿望可能要落空了。

也许中原鸟是否食肉存疑，但生活在南美洲2000万年前的恐怖鸟肯定不是吃素的。恐怖鸟的站立高度可达2.5米，推测体重可达130千克，拥有巨大的可达46厘米长的钩形喙和强壮的脚爪。这一时期生活的古马有草原古马、三趾马等，它们身高已经达到了1米。且不说恐怖鸟能否追上它的猎物，关键问题是，这些马生活在北美洲，而当时的南北美洲之间有海洋相隔，它们也只能是隔海相望了。

恐怖鸟之后，在北美大陆上演化的马类也的确遇到过其他的大鸟。比如距今约500万年前出现的泰坦巨鸟，身高达2.5米，体重约150千克，也是一种凶猛的食肉鸟类。不过那时的三趾马已经接近于现生马类的大小，善于奔跑，因此不那么容易成为泰坦巨鸟的美餐了。

如此分析，那些史前的食肉巨鸟就没有吃马的机会了吗？还是要回到始新世，那个“鸟吃马的时代”，当马的身材还比较小的时候，欧洲一个不太起眼的成员可能是“吃马”的代表。这是发现于法国和瑞士的长趾鸟。2013年一项新的研究显示，长趾鸟属于恐怖鸟科，身高约1.5米，生活在距今4300万年前的始新世中期。作为一只鸟它已经不小了，面对欧洲同时期个子并不太大的古马，也许会有吃马肉的机会。

葛氏义县鸟化石（来源：中国古动物馆）

专家讲故事（15）

周忠和：
中国科学院院士、美国科学院外籍院士、国际古生物学会主席，中国科学院古脊椎动物与古人类研究所所长、研究员，世界知名古鸟类学家。

扫码听故事

本章注释

1 性双型是指同一物种的雌雄不同个体展现出不同的特征：包括形态、大小、颜色、标识物等。很多鸟类的性双型现象显著体现在它们的羽毛构造和颜色上，比如雄孔雀拥有靓丽的羽毛。

2 反鸟类是中生代最重要的鸟类类群，遍布亚洲、美洲和欧洲等地，因为其肩带骨骼的关节方式（肩胛骨以凹窝与乌喙骨的突起相关联）与现代鸟类正好相反而得名。我国的反鸟类化石的种类和数量都居世界之首。反鸟类从白垩纪早期开始出现，到了白垩纪末期与非鸟恐龙一起灭绝。

3 绒羽是鸟类等动物身体上的一层纤细的羽毛，位于外部较硬的羽毛之下，可以有效保持动物的体温。绒羽被认为是最原始的羽毛类型，以丝状为主，可分叉为小的羽支，但羽轴很短乃至退化。刚孵化的鸟类通常只有绒羽。人类的羽绒服和睡袋中充填的也是绒羽。

4 在中国白垩纪早期的热河生物群中的多种古鸟类发现之前，在侏罗纪晚期的始祖鸟和白垩纪晚期的鱼鸟和黄昏鸟之间存在一个巨大的鸿沟。推测始祖鸟是食虫性的，而鱼鸟和黄昏鸟则是两种吃鱼的著名古鸟类。鱼鸟鸽子大小，是具齿的海鸟，化石发现于北美洲的海相地层中，与大量的鱼化石保存在一起。黄昏鸟是一种体长超过 1 米的大鸟，翅膀退化、腿部强壮，推测像今天的企鹅一样，用潜水的方式捕鱼。

5 恐龙灭绝后，当时陆地上没有其他的大型猎食动物和这些巨鸟竞争。哺乳动物大多是植食性的，或者是小型的食肉者，只能捕猎小型的猎物。于是巨大的食肉鸟类曾经占领食物链的顶端很长时间。之后它们的地位被大型食肉哺乳动物取代，后者的奔跑速度更快，捕猎效率更高。巨型食肉鸟类在这场竞争中败下阵来，最终灭绝在地球历史的长河中。

6 加斯顿鸟又称“冠恐鸟”或“戈氏鸟”，是生活在欧洲古新世晚期和始新世的一种不会飞的大型鸟类，化石见于法国、德国、英国和比利时等地。有学者将北美洲发现的不飞鸟和中国的中原鸟也归入此属，但目前还缺乏共识。加斯顿鸟的名字被献给了法国物理学家、考古学家加斯顿·普兰特（Gaston Planté），是他首先在巴黎附近发现了该鸟的化石。其实普兰特更为著名的是在 1859 年发明了世界第一块铅酸蓄电池，这是世界第一种蓄电池，物美价廉，至今仍在各种类型的汽车上使用，被称为“意义深远的发明”。

第五章：哺乳动物的崛起

水龙兽：大陆漂移的证据

展品名称：赫氏水龙兽（骨架化石）
物种学名：*Lystrosaurus hedini* Young, 1935
生活时代：三叠纪早期（距今约 2.5 亿年前）
化石产地：新疆维吾尔自治区吐鲁番盆地
展出位置：中国古动物馆二层“似哺乳爬行动物”展区
——中国科学院古脊椎动物与古人类研究所——

赫氏水龙兽骨架化石（来源：中国古动物馆）

古生物的中文译名存在一定规律，比如史前爬行动物的命名，中文多译为“某某龙”，而中文的“兽”通常是指哺乳动物。但有一种史前动物，它的名字里既有“龙”又有“兽”。它到底是爬行动物还是哺乳动物呢？

水龙兽外形怪异，好像一头小号的小河马，整个嘴里只有两颗大獠牙。它的拉丁文学名是 *Lystrosaurus*，直译为“水龙”，并无兽字，可见起初古生物学家还是将其视为爬行动物的。那么，中国学者为什么给它的名字中加上一个“兽”字呢？

这里首先要介绍一个概念：似哺乳爬行动物。传统古生物学理论认为，哺乳动物是从爬行动物分支演化而来的，这一爬行动物的特殊支系就是所谓的“兽孔类”。兽孔类以爬行动物的性质为主，同时也具有一些哺乳动物的特征，因此又称“似哺乳爬行动物”，而 *Lystrosaurus* 就是这一类群的成员。因此，为了表明 *Lystrosaurus* 及其所属类群在演化史上从爬行动物向哺乳动物过渡，形态特征上亦此亦彼的特点，中国学者便称之为“水龙兽”。但是，这里必须要阐明的是，水龙兽并非哺乳动物的直系祖先，只是与哺乳动物祖先同属于兽孔类。实际上，水龙兽仅仅是兽孔类向哺乳动物演化方向上的一个“旁支”。当恐龙兴起时，它们就灭绝了，并没有留下后代。

水龙兽生态复原图（绘图：李荣山）

赫氏水龙兽的化石发现于新疆吐鲁番盆地，其种名献给了曾在新疆考察的瑞典探险家斯文·赫定（Sven Hedin）。它属于兽孔类的二齿兽类。二齿兽类一般生活在湖泊的边缘，但是它们的化石却见于南非、南极洲、印度、中国、俄罗斯等地，而这些地区之间现在有海水分割。陆地生活的动物怎么会漂洋过海呢？古生物学家将这一现象视作“大陆漂移学说”[1]的佐证：在水龙兽生活的时代，地球上的陆地是个连接在一起的“泛大陆”，上面生活着水龙兽。后来由于大陆漂移，各个陆块分离了，上面的水龙兽也随着陆块漂移到了现在的地方，所以**水龙兽的化石是大陆漂移的重要证据**。水龙兽这个名字也很有意思，不仅表现出了它的栖息地，“亦龙亦兽”也反映出它是爬行动物与哺乳动物中间的过渡型物种。

我国的赫氏水龙兽化石目前仅发现于新疆三叠纪早期的地层中。但在南非的卡鲁盆地，有一种水龙兽同时生存于二叠纪晚期和三叠纪早期，成为二叠纪末生物大灭绝事件（见第 248–249 页）的幸存者代表。推测这类动物具有穴居的习性（中国古动物馆二层也展出了一件二齿兽类的潜穴化石），因而能够在大灾难来临之时因擅长应对缺氧环境而存活下来，并因此成为“兽坚强”的代表。

中国北方三叠纪陆生动物群生态复原图（绘图：李荣山）

专家讲故事（16）

李锦玲：
中国科学院古脊椎动物与古人类研究所原研究员，古爬行动物学家。

扫码听故事

西域肯氏兽：珍贵的化石“九龙壁”

展品名称：短吻西域肯氏兽（群体埋藏的立体骨骼化石）

物种学名：*Xiyukannemeyeria brevirostris* (Sun, 1978)

生活时代：三叠纪中期（距今约 2.4 亿年前）

化石产地：新疆维吾尔自治区阜康市

展出位置：中国科学院古脊椎动物与古人类研究所大厅

——中国科学院古脊椎动物与古人类研究所——

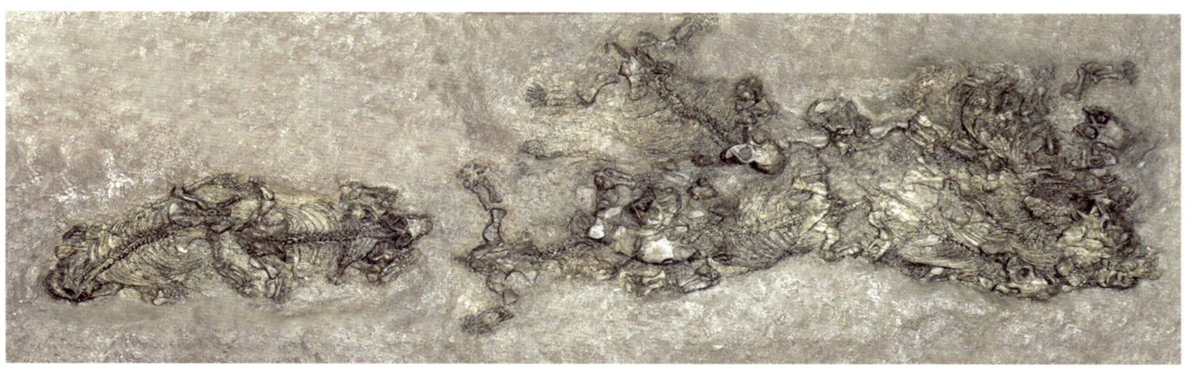

九龙壁—短吻西域肯氏兽骨骼化石（来源：中国科学院古脊椎动物与古人类研究所）

去过故宫的朋友，对其中一面由彩色琉璃瓦制成的“九龙壁”一定印象深刻：九条巨龙张牙舞爪、栩栩如生。在中国科学院古脊椎动物与古人类研究所大厅里，也有一个“九龙壁”，但它是一个由化石形成的“九龙壁”，是大自然的鬼斧神工留下的。

这面“九龙壁”长达 7 米，是研究所化石藏品中的镇馆之宝。上面保存为化石的“龙”却不是恐龙，而是九条似哺乳爬行动物——短吻西域肯氏兽的骨架。这些骨架排列在一起，头头相对，尾尾相连，好像亲密地依偎在一起。最左侧的两个骨架头对头地躺在一起，好似一对双胞胎在幸福地安睡。**这件精美的巨型标本，是老一辈古生物学家艰辛的野外工作的见证。**

早在 1930 年，瑞典探险家斯文·赫定与中国学者合作中瑞西北科考期间，便由中国著名地质学家袁复礼先生在新疆阜康地区发现了两具相当完整的似哺乳爬行动物——二齿兽类的骨架。顺着这个线索，1963 年 5 月起，由中国科学院古脊椎动物研究所组织的科考队在新疆开展了艰苦的野外科考工作。及至秋冬野外季节即将结束时，科考队在阜康大黄山煤矿附近的三叠纪地层中，发现地表有很多碎骨化石。队员们顺着线索追溯到化石的原生地，首先发现了一个骨架的骨盆部和尾部，骨架趴卧在呈 50 度倾斜的岩层之中。随着发掘的继续，数具完整骨架陆续呈现出来。

为了更好发掘这件珍贵的群体化石，科考队决定来年发掘，于是掩埋保护了现场。第二年夏天，科考队重返大黄山。他们通过爆破清理出一条 2–3 米宽、

3 米多深的沟。由于含化石的整个岩体体积庞大，在当时机械化程度不高的情况下，只好从一处骨化石较少的地方将岩体凿成两半，分两部分装进木箱。即使如此，也费尽周折才将这块总重达九吨的化石岩壁装上卡车，运到乌鲁木齐，再装上火车运回北京。

化石九龙壁发掘过程（来源：李锦玲）

回到北京，随着化石的修复，一幅凄美的远古动物生活场景呈现在科学家眼前：距今约 2.4 亿年前的阜康一带是一片水泽和草原，9 个年幼的短吻西域肯氏兽在草原上觅食、玩耍。突然之间，大雨倾盆，它们惊恐地围拢在一起，寻求彼此的保护，然而汹涌而至的山洪裹挟着泥沙，将它们冲向地势低洼的地方，迅速地掩埋。这幅巨大的远古画面让研究者想起北京故宫的“九龙壁”浮雕，于是，大家就给它起名为化石“九龙壁”。

1978 年，孙艾玲先生将“九龙壁”上的动物命名为“短吻副肯氏兽”。后来刘俊和李锦玲将其更名为“短吻西域肯氏兽”。1990 年“九龙壁”被整合为立体浮雕赴美展出，震惊了世界，也清晰展示了此类动物的幼体群居的习性。1994 年 10 月 18 日，中国古动物馆开馆，在古生物广场上展出的“九龙壁”化石被当时的各大媒体称为“最吸引人的化石”。如今，中国科学院古脊椎动物与古人类研究所将“九龙壁”移入办公楼大厅，作为镇馆之宝永久珍藏。

祁连双列齿兽 头骨

中国尖齿兽：恐龙时代吃奶的小精灵

展品名称：芮氏中国尖齿兽（头骨化石）

物种学名：*Sinoconodon rigneyi* Patterson et Olsen, 1961

生活时代：侏罗纪早期（距今约 2 亿年前）

化石产地：云南省禄丰县

展出位置：中国古动物馆三层“中生代哺乳动物”展区

——中国科学院古脊椎动物与古人类研究所——

芮氏中国尖齿兽头骨化石（来源：中国古动物馆）

虽然哺乳动物的鼎盛时期在恐龙灭绝后的新生代，但它们的祖先早在 2 亿多年前的中生代早期就和恐龙一起登上了地球的生命舞台。然而，恐龙出现之后很快发展壮大为一个种类繁多、数量众多的庞大家族，并成为中生代的霸主，而哺乳动物的发展却显得波澜不惊。而且，那时的哺乳动物比起动辄十几米甚至几十米长的恐龙实在是太渺小了，可以说是生活在恐龙的阴影之下。

最早出现的哺乳动物不能归入现生哺乳动物类群，而被称为哺乳形动物（也有称广义的哺乳动物）。到了侏罗纪，真正意义的哺乳动物才真正出现，逐渐演化为现代哺乳动物三大类群——原兽类、有袋类和有胎盘类。芮氏中国尖齿兽就是从似哺乳爬行动物向真正的哺乳动物过渡的哺乳形动物家族的一员。它产自 2 亿年前的中国云南禄丰动物群，与中国古动物馆最重要的镇馆之宝许氏禄丰龙同一时代、同一地区，是世界已知最古老的哺乳形动物之一。

我们知道，爬行动物都是终生生长的，只要活着，身体就会一直长大。此外，它们的牙齿也是终生替换的。但哺乳动物是有限生长的，到了一定的成熟年龄便不再长大，而且一生只长两次牙齿——乳齿和恒齿。研究者发现，作为最古老的哺乳形动物，中国尖齿兽

五尖张和兽

是一生多次替换牙齿且头骨无期限生长。根据这样的生长方式，可以进一步推测，该类动物尚不具备现代哺乳动物所具有的有限生长方式。由于幼仔牙齿萌发的推迟和牙齿替换次数的减少是同哺乳相关的特征（吃奶的幼仔不需要牙齿），据此判断，中国尖齿兽还不是以乳汁哺育其幼仔的真正会“哺乳”的动物。

中国尖齿兽具有定义哺乳动物的一个典型头骨特征——颌关节在齿骨和鳞骨之间，但它同时具有一些爬行动物的特点，如生长缓慢但可终生生长，牙齿多次替换。因此，中国尖齿兽虽然不是时代最早的哺乳形动物，但却是特征最原始的代表之一。

哺乳形动物在三叠纪晚期（距今约2.3亿年前）最早出现在地球上。虽然这些与恐龙同时代的小动物不是当时地球生态系统的主角，但也演化出许多不同的类群，包括贼兽类、摩根齿兽类、中国尖齿兽类、柱齿兽类、三尖齿兽类、多瘤齿兽类、对齿兽类等。中国尖齿兽以及同时期、同产地的巨颅兽所代表的侏罗纪哺乳形动物体型虽小，看起来很不起眼，但它们是未来哺乳动物兴起的希望。

芮氏中国尖齿兽生态复原图（绘图：马克·克林勒 Mark Klingler）

哺乳动物在中生代的演化史超过了其整个历史的三分之二。在此期间，它们逐渐获得了一系列典型特征，如胎生、大脑发达、听觉功能加强（中耳有三块听小骨）、牙齿具备了咀嚼（切割 + 研磨）功能等。这些优势特征使哺乳动物在大约6600万年前的中生代末期大灭绝事件之后，得以迅速发展并繁盛。

大事件⑧
哺乳动物的兴起

这些哺乳形动物仍具有哺乳动物的一个标志性特征：颌关节位于颅骨的鳞骨与下颌的齿骨之间。

在早期演化史中，哺乳动物毫不起眼，主要是食虫性的，身体长度从几厘米到一二十厘米，最长也不超过一米。

吴氏巨颅兽复原图（来源：罗哲西）

2亿多年前，哺乳动物首次出现在地球上。它们不如同时代的恐龙身形显赫，但由于拥有毛发从而能维持恒定的体温、能够胎生直接产下幼崽、并能产奶哺乳后代，于是具有了特殊的生存优势。哺乳动物的兴起绝对是脊椎动物演化历程中一次重大的事件。

现代地球上，哺乳动物虽然有超过五千种为人类所知，但与一万多种鸟类和三万多种鱼类相比，这个数字就显得相形见绌了。然而，哺乳动物的确占据着大型脊椎动物的生态位，无论是在陆地上（如大象）还是在海洋中（如蓝鲸）。在非洲平原上，成群的羚羊和角马似乎到处可见；在城市和农村，鼠和兔的子孙繁荣兴旺，更不用说人类显赫的存在。由此可见，我们现在所处的地质时代——新生代之所以被称为“哺乳动物的时代”，的确是有充分理由的。

然而在中生代，情况却迥然不同。真正的哺乳动物虽然在1.6亿年前的侏罗纪中晚期就已出现，但是直到6600万年前大型恐龙灭绝后，它们才熬出头来——在早期演化史中，哺乳动物毫不起眼，主要是食虫性的，身体长度从几厘米到一二十厘米，最长也不超过1米。那时陆地的统治者是恐龙，海洋中有鱼龙等海生爬行动物，而空中是翼龙和鸟类的天下。哺乳动物躲藏在不起眼的角落里，静候属于它们的繁荣时机，这一等就是一亿多年！

说是等待，其实也是在积蓄力量。中生代已经出现了早期哺乳动物的多个类群，它们已经在生理和身体构

胡氏辽尖齿兽

这些不爱出风头的、毛茸茸且爱吃昆虫的动物所代表的家族将在非鸟恐龙大灭绝后，荣升为脊椎动物演化进程中的主角。

造方面发生了适应性改变。现代哺乳动物（包括卵生的单孔类、有育儿袋的有袋类以及人类所属的有胎盘类）的毛发、胎生、哺乳等共有特征几乎肯定也见于早期哺乳动物身上。但侏罗纪早期的摩根尖齿兽和中国尖齿兽等被称为“哺乳形动物”，并不算是真正的哺乳动物。究其原因就在于它们比单孔类、有袋类和有胎盘类的共同祖先都更为原始。尽管原始，**这些哺乳形动物已具有哺乳动物的一个标志性特征：颌关节位于颅骨的鳞骨与下颌的齿骨之间。**

在与哺乳动物关系紧密的下孔类动物中，齿骨有扩大的趋势，这以下颌中其他骨头的缩小乃至消失为代价。最后，齿骨因越变越大而与鳞骨碰到一起，从而促成了一个新的颌关节，而原来起颌关节作用的方骨和关节骨则变为耳骨进入了脑颅，转化为听觉器官。最终齿骨成为哺乳动物下颌中唯一的骨头。

除了颌关节的特点外，哺乳动物的另一个特征也深深地植根于下孔类动物的演化中——具有高度差异化的门齿、犬齿和颊齿。它们显然适应于抓取、穿刺、研磨等不同的功能，某些成对的牙齿可能变大形成獠牙，用于与同伴争斗或杀死猎物，甚至是梳理皮毛。牙齿的分化甚至可以在原始的兽孔类（下孔类中的一个类群）成员中看到，而哺乳形动物正是从兽孔类中演化而来。

有趣的是，早期哺乳形动物很可能并不胎生，而是产下带有革质外皮的卵，同现代原始哺乳动物鸭嘴兽一样。直接生出活崽的演化趋向也许出现于更进步的哺乳动物——有袋类和有胎盘类的共同祖先之中。至于是否哺乳则仅是根据牙齿长出方式推测，而缺乏直接的哺乳器官的化石证据。

无论怎样，那些中生代的哺乳动物，面对敏捷而野蛮的兽脚类恐龙时，一定会心怀恐惧。然而，这些不爱出风头的、毛茸茸且爱吃昆虫的动物所代表的家族将在非鸟恐龙大灭绝后，荣升为脊椎动物演化进程中的主角。

五尖张和兽生态复原图（绘图：马克·克林勒 Mark Klingler）

爬兽：能吃恐龙的哺乳动物

展品名称：强壮爬兽（含胃容物的立体骨骼化石）
物种学名：*Repenomamus robustus* Li *et al.*, 2000
生活时代：白垩纪早期（距今约1.25亿年前）
化石产地：辽宁省北票市
展出位置：中国古动物馆三层“中生代爬行动物”展区

中国科学院古脊椎动物与古人类研究所

强壮爬兽骨骼化石（来源：中国古动物馆）

在大家的印象中，中生代是恐龙称霸的时代。那时候的哺乳动物都是像老鼠一样毫不起眼的小个子，昼伏夜出，提心吊胆地生活在恐龙的阴影下。直到那一颗毁灭龙族的陨石砸下来，中生代终结之后，哺乳动物的家族才真正发展壮大起来。然而辽西热河生物群这一化石宝库中的一件哺乳动物化石，却颠覆了我们对中生代哺乳动物的认识，它拥有尖牙利齿，能和恐龙抢食争地，甚至能吞掉恐龙的幼崽——这就是强壮爬兽。

强壮爬兽属于三尖齿兽类，它的化石首次发现于2000年，最初只发现了一件头骨。头骨的上下颌咬合在一起，门齿尖利，颞肌窝发达，下颌拥有深凹的咬肌窝，显示这种动物具有较强的吞咬能力。2005年，中国古生物学家在辽西白垩纪的地层中找到了一件较完整的爬兽骨骼，它拥有较长的躯干，通过头骨和趾骨的大小，研究人员计算出它的体长在60厘米左右，推测体重 4–6 千克。它的四肢短而粗壮，呈半直立状奔走。

这件标本最特别之处是在它的上腹部保存了一团较小的骨骼，显然不属于这个个体！刚开始研究人员以为这是一只怀孕的爬兽，肚子里的是小爬兽，但是经过显微镜下的仔细观察，发现那居然是一只恐龙！估算这条恐龙体长约 12–14 厘米，其中还保留了两排牙齿。研究人员经过比较后认定，这是幼年鹦鹉嘴龙的牙齿。腹部中的骨骼显然属于同一只小恐龙，而相互关节相连的肢骨证明爬兽在吞食这只猎物时，是大块撕碎吞下的，没有经过咀嚼——这应该属于一种比较原始的进食方式。至于爬兽是猎食活恐龙还是吞吃尸体，目前还缺乏直接证据。但显然的是，在吞食小鹦鹉嘴龙后不久，这只爬兽还没有来得及消化，就被一场突如其来的灾难掩埋，而这只小鹦鹉嘴龙显然是它“最后的晚餐”。

迄今为止，我国学者在辽西热河生物群中已发现了 16 种原始哺乳动物，它们的化石大多保存得相当完好，在有些标本上连毛发都清晰可辨。这其中爬兽化石就有十余件，而且除了强壮爬兽外，还有体型更大的另一个种——巨爬兽（*Repenomamus giganticus*），身长约 1 米，是世界已知最大的中生代哺乳动物之一。

爬兽的发现说明，过去认为的中生代哺乳动物生活在恐龙阴影下的说法虽然总体正确，但其中也会有一些例外。爬兽尖利的牙齿和粗壮的下颌很可能是离群的小恐龙的噩梦。

强壮爬兽捕食幼年鹦鹉嘴龙的生态复原图（绘图：徐晓平）

专家讲故事（17）

王元青：
中国科学院古脊椎动物与古人类研究所研究员，古哺乳动物学家。

扫码听故事

巨爬兽

翔兽：最早会飞的哺乳动物

展品名称：远古翔兽（骨骼及翼膜印痕化石）
物种学名：*Volaticotherium antiquum* Meng *et al*., 2006
生活时代：侏罗纪中晚期（距今约 1.6 亿年前）
化石产地：内蒙古自治区宁城县
展出位置：中国古动物馆三层“中生代哺乳动物”展区
——中国科学院古脊椎动物与古人类研究所——

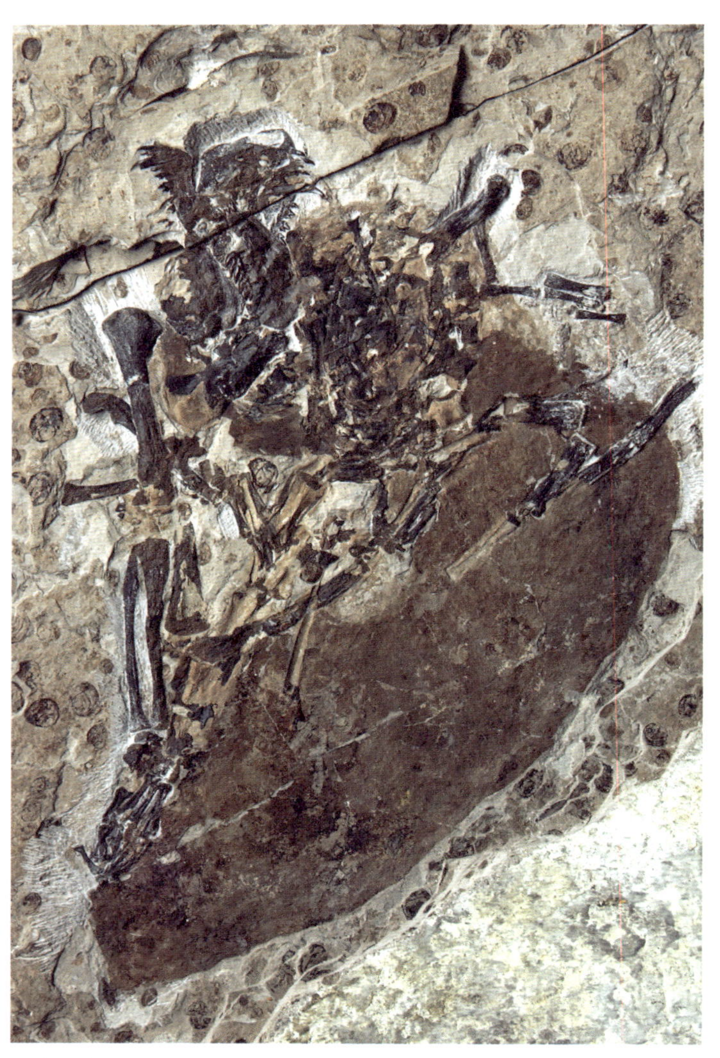
远古翔兽骨骼和翼膜印痕化石（来源：中国古动物馆）

2006 年年初，远古翔兽的化石在内蒙古宁城县道虎沟村附近被发现。它是一具压扁的、带翼膜的近完整骨架，保存在对开的两面石板上。大部分骨骼保存在正面石板上，而在负面石板上同样保存有许多小叶肢介的壳瓣。这种用翼膜滑翔的中生代哺乳动物以前从未发现，研究者不得不在哺乳动物族谱里专门为它创建了一个新的类别——翔兽目，并把它命名为“远古翔兽”。

远古翔兽如小松鼠般大小，前后肢之间保存了具有毛发的皮膜，说明这种远古翔兽具有在树间滑翔的能力，就像现代的鼯鼠一样。学者们目前把它归入真三尖齿兽目翔兽族，同族的还有阿根廷的阿根廷尖齿兽和摩洛哥的鱼尖齿兽等。这是一个已经灭绝的哺乳动物类群，与现代的鼯鼠并没有很近的亲缘关系，也就是说后者的滑翔能力是独立演化出来的。

针对远古翔兽的研究，还有一段特别的故事。当翔兽被研究命名的时候，学界对产出化石的岩层时代还有较大的争议，

远古翔兽生态复原图（绘图：徐晓平）

分别有侏罗纪中期、侏罗纪晚期、侏罗纪晚期至白垩纪早期等不同观点，甚至有学者认为翔兽应属于白垩纪早期的热河生物群成员。但综合最新的研究成果，翔兽生活的时代更可能是侏罗纪中期到晚期的界线附近。在生物群上，翔兽应属于燕辽生物群，其时代肯定早于热河生物群。然而当命名文章发表之时，研究者为了保险起见，按照最晚的时代（距今约 1.25 亿年前的白垩纪早期），称翔兽把哺乳动物最早的飞行记录提前了至少 7000 万年——现在看来，岂止这些，应该是提前了至少 1 亿年！翔兽是地球上已知最早会飞的哺乳动物，也是从天上目睹过中生代恐龙的物种。

侏罗纪时期，恐龙是陆地的“霸主”，翼龙是空中的“霸主”，而**远古翔兽的出现表明哺乳动物已经开始将触角伸向天空，发展出自己的空军。**正是因为翔兽的重要性，英国 *Nature* 杂志以远古翔兽生态复原图为封面，突出报道了这项重大发现。

英国 *Nature* 杂志以远古翔兽为封面（绘图：赵闯）

专家讲故事（18）

王元青：
中国科学院古脊椎动物与古人类研究所研究员，古哺乳动物学家。

扫码听故事

尤因塔兽：长相凶恶的素食者

展品名称：意外尤因塔兽（头骨化石）
物种学名：*Uintatherium insperatus* Tong et Wang, 1981
生活时代：始新世中期（距今约 4000 万年前）
化石产地：河南省卢氏县
展出位置：中国古动物馆三层“新生代古老型哺乳动物”展区
——中国科学院古脊椎动物与古人类研究所——

意外尤因塔兽头骨化石（来源：中国古动物馆）

来自我国宝岛台湾的歌星赵传有一首歌——《我很丑，可是我很温柔》，流传甚广。用这个歌名来形容中国古动物馆的尤因塔兽真是非常合适！

尤因塔兽（也称“尤因他兽”）是一类大型已灭绝的哺乳动物，属于恐角类。恐角类植食性、脚上有蹄，体型似犀牛。它们最显著的特点是头上一般有成对的骨质角，口中拥有巨大的獠牙，相貌恐怖，并因此而得名。它们生活于古新世晚期至始新世中期的亚洲和北美洲（距今约 5800–4000 万年前），真可谓昙花一现的史前怪兽。

尤因塔兽得名于美国犹他州的尤因塔山脉，该山脉是落基山脉的一个分支。第一个尤因塔兽就发现于此，是 1871 年由美国著名古生物学家马什（Othniel Marsh）发现的。随后他与另一位古生物学家柯普（Edward Cope）开展了一场著名的“骨头战争”[2]，竞相采集并命名恐龙和恐角类等大型动物的化石。其结果是在短短的两年中，两位大师命名了 10 种恐角类，可惜后来发现很多是重复或无效的命名。

意外尤因塔兽是尤因塔兽的第二个有效种，它的命名还有一段有趣的故事。据它的研究者童永生先生介绍：当初在岩石中只暴露了头骨化石后部的一小块，因为暴露不多难以判断，推测可能是腰带骨骼的一部分。待回到研究所把化石修复出来，才发现它原来是个相当完整的头骨——这下儿“屁股”一下子变成了“脑袋”，研究价值剧增！又因为过去从未在北美以外的地区发现过恐角类的头骨，于是研究者以“意外”作为种名。

意外尤因塔兽生态复原图（绘图：李荣山）

尤因塔兽头上长有三对角，从前向后分别是鼻骨角、额骨角和顶骨角，因此它又被称为“六角兽”。**尤因塔兽虽然相貌凶恶，但确实是货真价实的素食爱好者**，喜欢吃树叶和嫩枝。下次你在中国古动物馆看到尤因塔兽的标本时，也许脑海中就会响起赵传那首著名的歌曲吧！

黄河象：写入小学课本的古象

展品名称：师氏剑齿象（骨架化石）
物种学名：*Stegodon zdanskyi* Hopwood, 1935
生活时代：更新世早期（距今约 250 万年前）
化石产地：甘肃省合水县
展出位置：中国古动物馆三层“长鼻类”展区
——中国科学院古脊椎动物与古人类研究所——

师氏剑齿象骨架化石（来源：中国古动物馆）

中国古动物馆的三楼中央是大象化石的展区；而展区中最大的古象不是大家熟悉的猛犸象，而是一具名叫“黄河象”的巨大骨架。它的故事曾被写入中国小学《语文》五年级教科书，课文的题目就叫《黄河象》。很多参观者在小时候都学过这篇课文。

1973 年的春天，甘肃合水的农民在黄河流域的马莲河上挖掘沙土，发现了一段洁白的象牙。消息传到北京，中国科学院古脊椎动物研究所研究人员随即组织人员进行了发掘。黄河象的骨架斜斜地插在沙土里，它的脚踩着石头，从站立的姿势，可以想象大象失足落水那一瞬间，从它各部分骨头相互关联的情况，可以推知它死后没有移动。经过研究发现，这是一种剑齿象[3]的骨骼。

芭氏轭齿象 牙齿

由于化石出土于黄河流域，所以研究者将它命名为黄河剑齿象，简称“黄河象”。后来的研究发现它应该归属于过去已命名过的一种剑齿象：师氏剑齿象。其中的“师氏”来自奥地利著名古生物学家奥托·师丹斯基（Otto Zdansky）。但中国学者和公众还是习惯地称它为“黄河象”。黄河象的故事很快入选了我国小学《语文》课本，课文选自中国科学院古脊椎动物与古人类研究所刘后一先生撰写的《大象的故事》，讲述这头古象到河边喝水，不幸陷入泥沙中；经过数百万年，形成完整化石，最后被科学家发现的生动故事。

黄河象的骨架高4米，长8米，象牙3米多长，推测它生活时的体重可达13吨，年龄超过60岁。整具化石骨架保存得十分完好，甚至用于支撑舌头的较为纤细的舌骨都保存了下来。在100多块足部骨骼中，连三四厘米长的末端趾骨也没有丢失。黄河象的骨架能够如此完整地保存下来，在象化石的发现史上是很少见的。**黄河象也因此成为亚洲非常完整的剑齿象化石之一**。黄河象生活在距今约250万年前，那时的甘肃地区不像现在这样干燥，到处都有河流和湖泊，气候温暖而湿润。

象的生物学分类为“长鼻类”，因为拥有由鼻和上唇构成的长鼻而得名。它们是生活在森林或平原上的大型或超大型的哺乳动物，臼齿发达，齿上多横向的脊，适于研磨，故可以吃较为坚韧的植物。最古老的象是发现于距今约6000万年前的古新世的初象，体型如狐狸，推测体重只有4–5千克。随后出现的始祖象类体型也只有猪大小，上下门齿中的第二门齿增大，而今天的象牙就是特指大象极度增长的第二上门齿。

从始祖象以后，长鼻类分成两支。一支是恐象，另一支是狭义的象类。恐象下颌的两个象牙向下弯曲，与其他象类迥然不同，看上去像一对大吊钩。狭义的象包括乳齿象、短颌象、嵌齿象、剑齿象和真象等类群。所有这些类群在上新世或更新世灭绝，只有真象类幸存。而真象类中的原始象、猛犸象、古菱齿象等灭绝，现存只有亚洲象和非洲象。

黄河象生态复原图（绘图：李荣山）

锯齿虎：凶猛的史前大猫

展品名称：钝齿锯齿虎（立体头骨模型）
物种学名：*Homotherium crenatidens* Fabrini, 1890
生活时代：更新世早期（距今约 220 万年前）
化石产地：安徽省繁昌县
展出位置：中国古动物馆三层“食肉类”展区
——中国科学院古脊椎动物与古人类研究所——

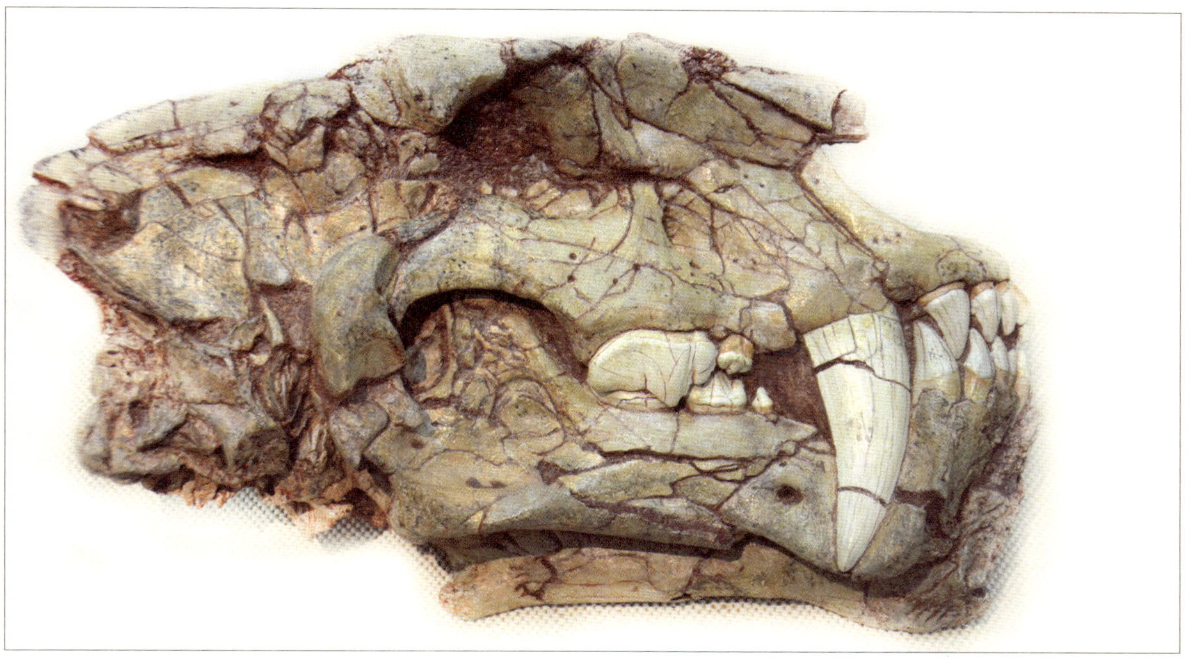

钝齿锯齿虎头骨模型（来源：中国古动物馆）

锯齿虎属于已绝灭的大型猫科食肉类[4]动物，以巨大侧扁、且齿缘发育锯齿的上犬齿为特征。最早的锯齿虎化石发现于距今约 400 万年前的上新世地层中。锯齿虎是典型的肉食猫科动物，四肢细长，善于奔跑，生活在开阔稀疏的草原环境，以追逐的方式捕获猎物。

锯齿虎肩高 1.1 米，狮子般大小。头骨长，头顶矢状嵴发育，可以附着大量肌肉以增大咬合力。锯齿虎与后面将要介绍的刃齿虎相比，剑齿小，更适于撕咬，并不适合穿刺。锯齿虎外形似猫，但它却有着与大多数猫科动物不同的骨骼特征，是猫科中的另类。它的前肢较长，而后肢则呈下蹲的姿势，故背部倾斜向下，这种形态与鬣狗有几分相像。后肢的特征显示它们一般能够跳跃。发育宽大且呈方形的鼻孔与现生的猎豹类似，以便其快速地吸入氧气，帮助快速奔跑及冷却脑部。

中国古动物馆展出的钝齿锯齿虎发现于安徽繁昌人字洞，这里不仅出土了大量200多万年前更新世早期的哺乳动物化石，还发现了大量人类制作的石器和象牙器，是东亚地区时代非常早的人类遗址之一。但那时的人类还不具备较强的狩猎能力，很可能是锯齿虎的猎物。

虽然锯齿虎曾广泛分布在亚洲、欧洲、非洲和美洲，但迄今发现的化石数量相对来说却不多，这说明它们当时可能就是较为稀少的物种。推测在其生活的年代已没有太多的大型食草动物，加上与之同时代的洞狮等更强大的肉食猛兽的竞争，所以锯齿虎并没有进一步大型化的空间。虽然体形普遍小于前辈剑齿虎，但它们的行动更加敏捷，捕食能力毫不逊色。在美国得克萨斯州的福瑞森汉洞中，科学家们共发现了超过30头锯齿虎和300多头哥伦比亚猛犸象的幼体化石。**这一重大发现显示锯齿虎群居生活，很有可能集体捕猎**，它们有选择性地猎杀处于幼年时期特定的厚皮动物，如长鼻目的猛犸象和奇蹄目的犀牛等，然后将猎物尸体带入居住地，整个家族共同分享美食。

锯齿虎从距今约40–20万年前的更新世中晚期开始趋于消灭，推测与大型食草动物数量的衰减有关。这一时期，各地的古人类已经学会了使用火，并掌握了进步的石器打制技术，可以制造并使用更先进的工具。凭借着越来越发达的头脑和智慧，他们的生存空间逐渐扩大，并成为空前优秀的统治者和捕食者，成为了锯齿虎有史以来见过的最为强大的竞争对手。大型食草动物和以之为食的锯齿虎在这种冲击下很容易遭受灭顶之灾。

剑齿虎攻击鬣狗的生态复原图（绘图：李荣山）

专家讲故事（19）

刘金毅：
中国科学院古脊椎动物与古人类研究所研究员，标本馆馆长，古哺乳动物专家。

扫码听故事

刃齿虎：悲伤的陷阱

展品名称：致命刃齿虎（骨架模型）
物种学名：*Smilodon fatalis* Leidy, 1869
生活时代：更新世晚期（距今约 4 万年前）
化石产地：美国洛杉矶市
展出位置：中国古动物馆三层“食肉类”展区
—中国科学院古脊椎动物与古人类研究所—

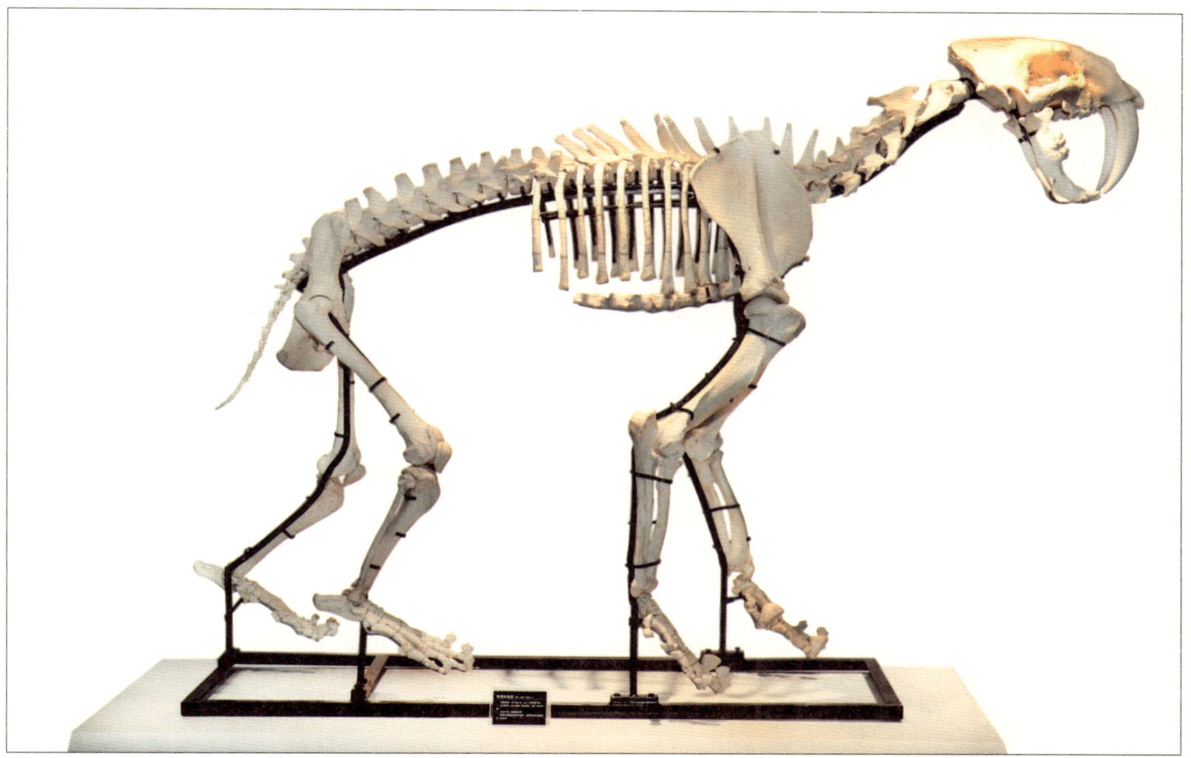

致命刃齿虎骨架模型（来源：中国古动物馆）

中国古动物馆三楼“食肉类”展区有一具完整的剑齿虎骨架模型，它是远渡重洋从美国加利福尼亚州洛杉矶市的拉布雷亚沥青坑博物馆运来的。那里保存了大量冰河时代的完整动物骨架化石，它们都是一个天然陷阱的受害者。

位于美国第二大城市洛杉矶的沥青坑博物馆是世界上极不寻常的化石遗址之一。这里已发现了 650 多种动物和植物化石，是世界上少有的位于城市内的冰河时期化石地点。拉布雷亚沥青坑早在 1769 年由一支西班牙探险队发现，“拉布雷亚”（La Brea）就是

刃齿虎头骨化石（摄影：王原）

西班牙语“沥青”的意思。为什么这里会成为保留大量完整动物骨骼化石的陷阱呢？

原来这里原本是一片湖泊，但湖水下面是从地底裂缝中渗出的厚厚的沥青。古代的动物来到湖边喝水时，像现代的动物一样有时会把身体浸到水里清洁皮肤或是摆脱寄生虫，这时它们就陷入了湖底的沥青中，而每一次挣扎都让它们陷得更深。动物们并不会立即死亡，它们往往在好几天之后才死于饥饿或休克。它们的挣扎和呼救会吸引猎食者来到湖边觅食，而后者同样会被困住。于是拉布雷亚沥青坑就成为了一个猎食者和猎物的陷阱。一头被困的美洲野牛往往会吸引数倍的捕食者。据统计坑中捕食者与猎物的数量比例大约为 9∶1。

致命刃齿虎是拉布雷亚沥青坑中出产的最负盛名的化石标本，也是北美大陆上最著名的剑齿虎种类。它们生活在距今 250 万年到 1 万年前，体型大约与现存的最大的猫科动物西伯利亚虎相当，肩高可达 1 米，体重在 160–280 千克之间，具有刀刃一样锋利的犬齿，边缘还有小锯齿，适于切割猎物的皮肉。剑齿虎捕食的时候，用体重去扑倒食物，然后用牙咬在要害的位置（比如脖颈处）。**和虎相比，剑齿虎的身体更加粗壮，但灵活性更差**；而它的剑齿过于巨大，如果猎物挣扎，很可能被弄断。有了这些弊病，剑齿虎最后也逐渐被新生代的老虎取代了。

剑齿虎的最终灭绝除了自身的身体结构弊端外，也有其他的外在原因。比如北美洲的剑齿虎类，灭绝的时间比史前人类到达美洲大陆的时间稍晚，这时期到达北美的智人已经具备极强的狩猎能力，猎杀了很多大型动物，剑齿虎也难以幸免。也有观点认为是气候的因素，即冰河期的结束导致了它们的灭绝，因为冰层的消失会使植被发生变化。无论是单一因素还是多重因素，雄霸食物链顶端的剑齿虎的灭绝至今还是一个未解之谜。

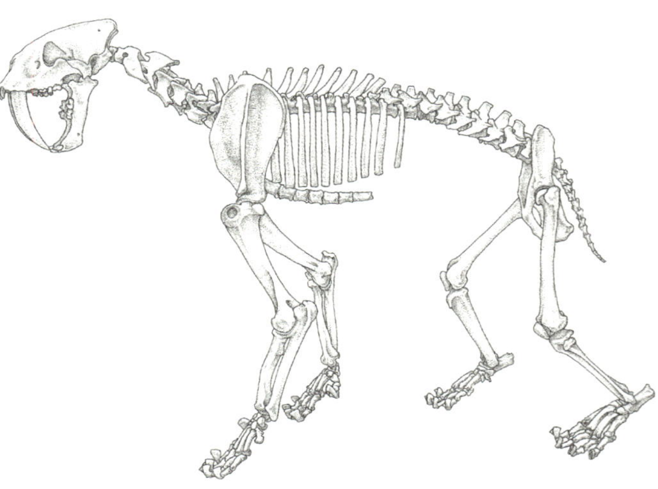
刃齿虎骨骼复原图（绘图：许勇）

知识窗 8
濒危的王兽

虎，现今体形最大的猫科动物，亚洲陆地上最强势的肉食捕猎者，头顶浑然天成的“王”字纹路，是当之无愧的“兽中之王”。作为亚洲特有的珍稀物种，老虎自人类历史记载以来就一直是人类敬而生畏的“王兽”，尤其是在中国。在十二生肖故事中，虎被作为趋吉避邪、吉祥平安的象征。至今在中国乃至东亚和东南亚地区还有虎符、虎环、虎雕等除灾免祸的镇邪物。

虎（来源：维基百科 Wikipedia）

在严格的生物学分类中，虎（*Panthera tigris*）是归于猫科豹属的一个生物种，传统上将虎分为八个亚种，即华南虎、西伯利亚虎、孟加拉虎、印支虎、苏门答腊虎、巴厘虎、爪哇虎和里海虎。最新的基因学研究认为印支虎中有一支特化的亚种可以独立出来，并在 2004 年命名了一个新的虎种马来亚虎（*P. t. jacksoni*），即第 9 个亚种。

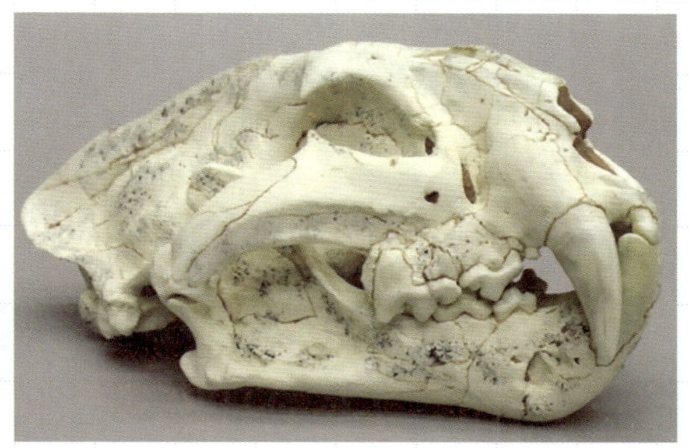

古中华虎头骨模型（来源：中国科学院古脊椎动物与古人类研究所）

目前，世界已知最早的虎是发现于我国河南省渑池县的古中华虎。它有不少虎的形态特征，但头骨矢状嵴微弱、裂齿相对较小，明显较现生虎原始。一般认为它就是现代虎的直系祖先，然而化石的产出层位并不确定，推测其时代为距今 300–200 万年前。

最近在我国甘肃省东乡县发现的化石表明古中华虎至少在距今 200 万年前就已出现。距今 100 万年前，虎至少已扩散至东亚和东南亚地区了。我国陕西省蓝田县公王岭和印尼爪哇特里尼尔动物群中虎化石的发现就足以证明这一点，而且这个时期的虎在形态上与现生虎已很难区分了。更新世中晚期，虎在我国则有了更广泛的分布，如北京、重庆、陕西、河南、辽宁、云南、湖北、安徽、江苏、广西、内蒙古等地。该时期的虎在形态上与现生种一致，但是明显大于后者，掌骨也明显粗壮。

虎的化石记录以及人类历史对虎的记载表明，它们曾广泛分布在西起土耳其、东至中国和俄罗斯海岸，北起西伯利亚、南至印度尼西亚群岛的辽阔土地上。20 世纪中叶，里海虎、爪哇虎、巴厘虎灭绝，野生华南虎现在可能也已经灭绝，其他几个亚种的虎的数量较它们的祖先大幅度降低。1996 年世界自然保护联盟（IUCN）已经将华南虎列为极度濒危物种，而 2010 年初世界自然基金会公布的全球十大濒临绝种动物名单中，野生虎也被列为名单之首。

在地质历史记录中，还有一类更为凶猛的猫科肉食动物——剑齿虎。它们最早出现于中新世早期，灭绝于距今约 1.1 万年前的更新世晚期，演化成大小各异、形形色色的剑齿虎，如锯齿虎、巨颏虎、刃齿虎等。它们威猛健硕，有着匕首一般锋利的犬齿，上下颌可以自由张开达 120 度（狮子只能张开 65 度），能猎杀猛犸象、野牛、地懒等大型动物，是史前动物王国的真正王者。它们生存了 2300 多万年，但最终灭绝。希望虎的家族不要重蹈覆辙。

中新世晚期的巴氏剑齿虎生态复原图（绘图：李荣山）

巨鬣狗：凶悍的草原清道夫

展品名称：巨型巨鬣狗（头骨化石）
物种学名：*Dinocrocuta gigantea* (Schlosser, 1903)
生活时代：中新世晚期（距今约 900 万年前）
化石产地：甘肃省和政县
展出位置：中国古动物馆三层“食肉类”展区
——中国科学院古脊椎动物与古人类研究所——

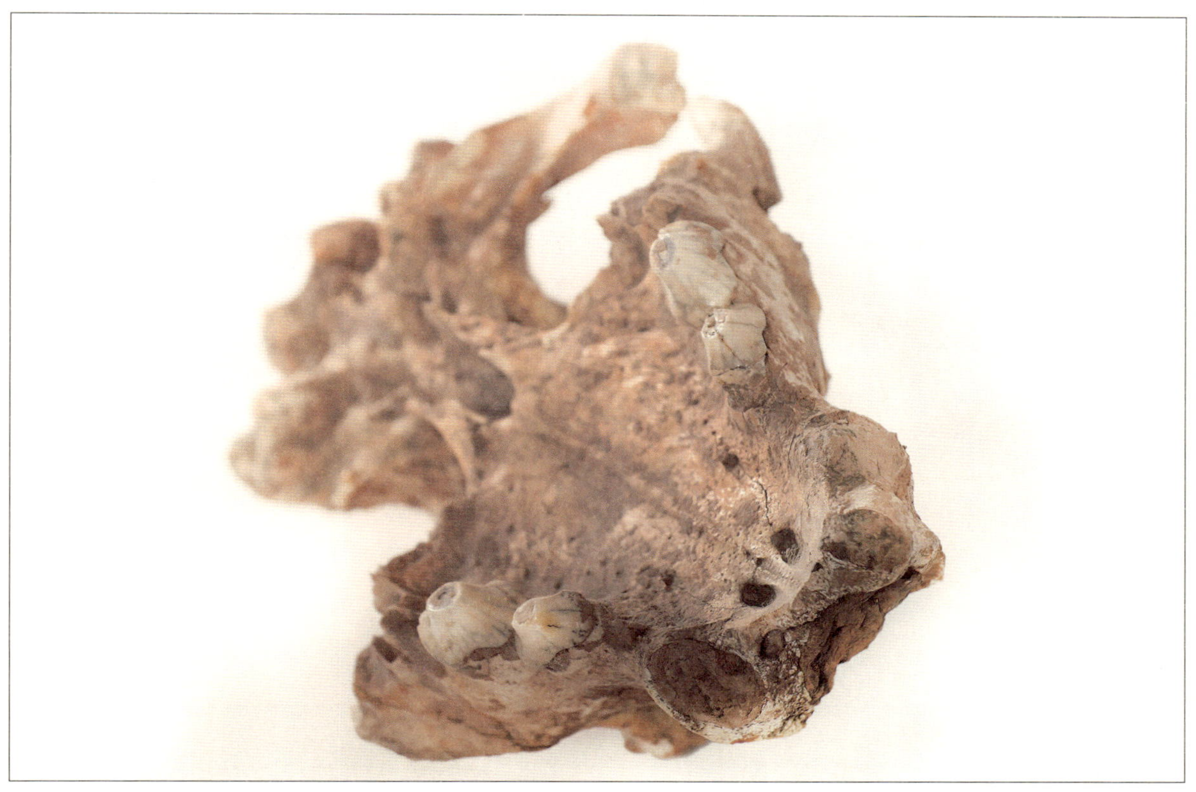

巨鬣狗头骨化石（来源：中国古动物馆）

在非洲，狮子无疑是“草原之王”。然而有一种体型较小、但风格强悍的食肉类，竟然敢于挑战狮子的权威。它们喜欢群居，有时甚至抢夺狮子的食物。这就是鬣狗。

鬣狗的体型似犬，颌骨强壮，主要以动物的尸骨为食（有时也捕杀活的动物），俗称草原清道夫。虽然称为狗，但它与犬形类的系统发育关系较远，而与猫和灵猫等的关系更近。

鬣狗最早出现于渐新世晚期（距今约 2500 多万年前）的欧亚大陆，在中新世晚期（距今约 800–700

万年前）广泛辐射，达到顶峰。至少有 80 种形色各异的鬣狗曾经游荡于广袤的欧亚和非洲大陆，然后进入严重的衰退期，现生的鬣狗仅存 4 属 4 种，分布于非洲、中东和印度等地。

早期的鬣狗体型小到中等，在外形和行为上与灵猫和犬等有些相似，大多为食虫性或杂食性。后期体型增大，主要以动物尸骨为食，其头骨强壮结实（看看巨鬣狗的头骨就知道了），颊齿粗壮呈圆锥状，能咬碎动物的骨骼。

有句话称“吃人不吐骨头”，形容残暴和贪婪的恶人。而鬣狗就是连骨头带肉一起吃的！能吃骨头和皮肉，一方面要归功于它粗壮圆锥状的前臼齿，另一方面则得益于它拥有强壮的裂齿——这是食肉类动物特有的四颗牙齿，每侧上下各一颗，由上牙第四前臼齿和下牙的第一臼齿特化而来，比普通牙齿锋利。上下裂齿对咬，如同一副大铡刀，能有效切割猎物的皮肉。这也是为什么你听说过鬣狗的粪便化石，却极少听说有食草类动物的粪便化石，就是因为鬣狗粪便中含有大量未消化的骨头碎渣，才有利于保存为化石。

虽然中国现今没有鬣狗，但曾经有一段时间，很多种鬣狗在中国的北方游荡，连生活在几十万年前的周口店北京人都曾遭遇过它们（见第 235 页）。在我国甘肃中新世的草原上，生活过一种已知体型最大的鬣狗型动物——巨鬣狗，推测其体重可达 400 千克。**巨鬣狗强壮的颌骨绝对是同时期其他动物的噩梦。**2010 年，科学家在一只雌性大唇犀的前额上，发现了食肉动物的齿痕，推测来自同时期的巨鬣狗，因为只有它能造成那样剧烈的伤害。而齿痕的愈合显示，这头大唇犀活了下来，逃过了巨鬣狗的袭击。

巨鬣狗攻击大唇犀复原图（来源：刘金毅）

专家讲故事（20）

刘金毅：
中国科学院古脊椎动物与古人类研究所研究员，标本馆馆长，古哺乳动物专家。

扫码听故事

始猫熊：大熊猫的始祖

展品名称：禄丰始猫熊（牙齿化石）
物种学名：*Ailuarctos lufengensis* Qiu et Qi, 1989
生活时代：中新世晚期（距今约 690 万年前）
化石产地：云南省禄丰县
展出位置：中国古动物馆三层“食肉类”展区

——中国科学院古脊椎动物与古人类研究所——

禄丰始猫熊牙齿化石（来源：中国古动物馆）

估计北京动物园中最受欢迎的就是熊猫馆了。大熊猫可谓天生的“演员”，无需刻意打扮、特殊训练，仅它那黑白相间的皮毛，温顺乖巧的样子，就足以使参观者们乐而忘返。大熊猫是食肉目动物中的另类，它们主要以竹子为食。也因为食竹的需要，大熊猫发育了具有抓握竹茎的伪拇指（即第六个手指，由腕骨特化而成）、退化的裂齿和宽大发达的臼齿等一系列适应性特征。

因其独特的形态和食性，大熊猫长久以来被视为独立的一科，或是认为与小熊猫或浣熊关系密切。不过也有不少人认为它只不过是一类较为特化的熊。除了大熊猫，熊科其他动物主要为杂食性（北极熊例外），主要包括棕熊、黑熊和懒熊等，广泛分布于欧洲、亚洲和美洲（地质历史时期曾一度侵入非洲）。

1869 年，一位叫戴维（Armand David）的法国神父（他也是中国“四不像鹿”麋鹿的发现者）在四川宝兴发现了大熊猫，也让西方人首次认识了这种特别的动物。现在世界上的野生大熊猫只有 1000 多只，生活在我国甘肃、陕西和四川的崇山峻岭之中。现生的大熊猫是我国特有的珍奇动物，那它们的祖先长什么样呢？

1981–1983 年间，我国学者在云南省禄丰县中新世晚期含有古猿的地层中发现了一批类似熊类的牙齿化石。这批化石经中国科学院古脊椎动物与古人类研究所邱占祥和祁国琴的详细研究，于 1989 年命名为禄丰始猫熊，并认为它们在形态和系统关系上介于祖熊和大熊猫之间。始猫熊的发现为大熊猫起源于熊类提供了有力的化石证据。

1997 年，在云南元谋小河村等地发现的哺乳动物化石中，也发现了始猫熊的颌骨和牙齿化石，而它的时代更古老，生活在距今约 800 万年前。始猫熊的主要特征是其颊齿齿列长仅为现生大熊猫的三分之二；前臼齿的齿式全，形态似大熊猫；臼齿形态与熊类的印度熊、郊熊，尤其是祖熊更为接近，有可能起源于后者。始猫熊可能栖息在海拔不太高，气候较为湿热的针阔混交林的山地林缘灌丛中，仍以杂食为主，而不主要以竹子为生。禄丰和元谋的化石发现表明，始猫熊就是大熊猫的远祖，它们在 800 万年前就已经出现在云南地区。虽然现在的云南已经没有野生大熊猫生存了。

在本书完稿阶段，一项新的成果引起了中国公众的轰动。科学家称在匈牙利发现了距今 1000 万年前的大熊猫牙齿化石，比始猫熊的时代还要早。**难道憨态可掬的大熊猫真是起源于欧洲，最后才在中国找到了避难所？**后续研究如何，大家拭目以待。

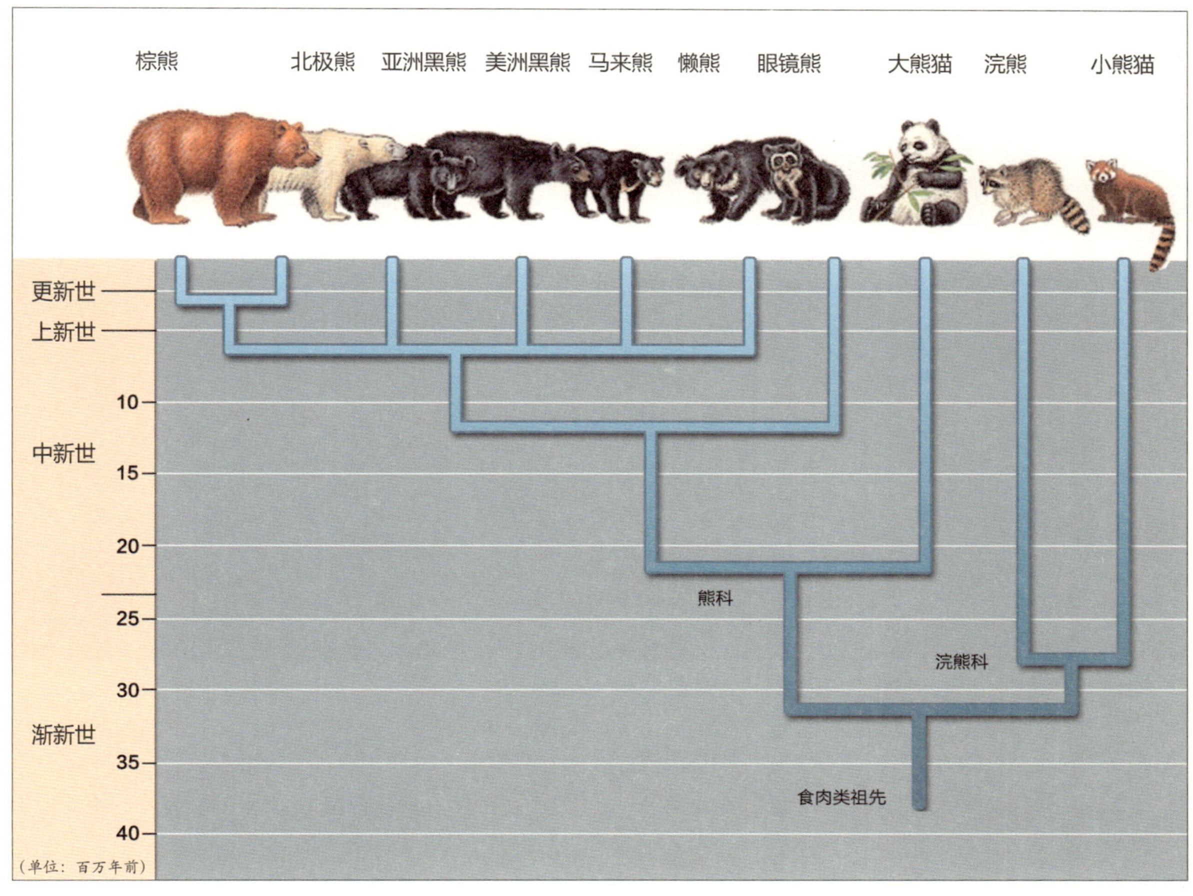

熊类地史分布和系统关系示意图（来源：刘金毅）

鼻雷兽：巨兽时代的来临

展品名称：蒙古鼻雷兽（骨架化石）
物种学名：*Rhinotitan mongoliensis* (Osborn, 1925)
生活时代：始新世中期（距今约 4000 万年前）
化石产地：内蒙古自治区达尔罕茂明安联合旗
展出位置：中国古动物馆三层“奇蹄类”展区
——中国科学院古脊椎动物与古人类研究所——

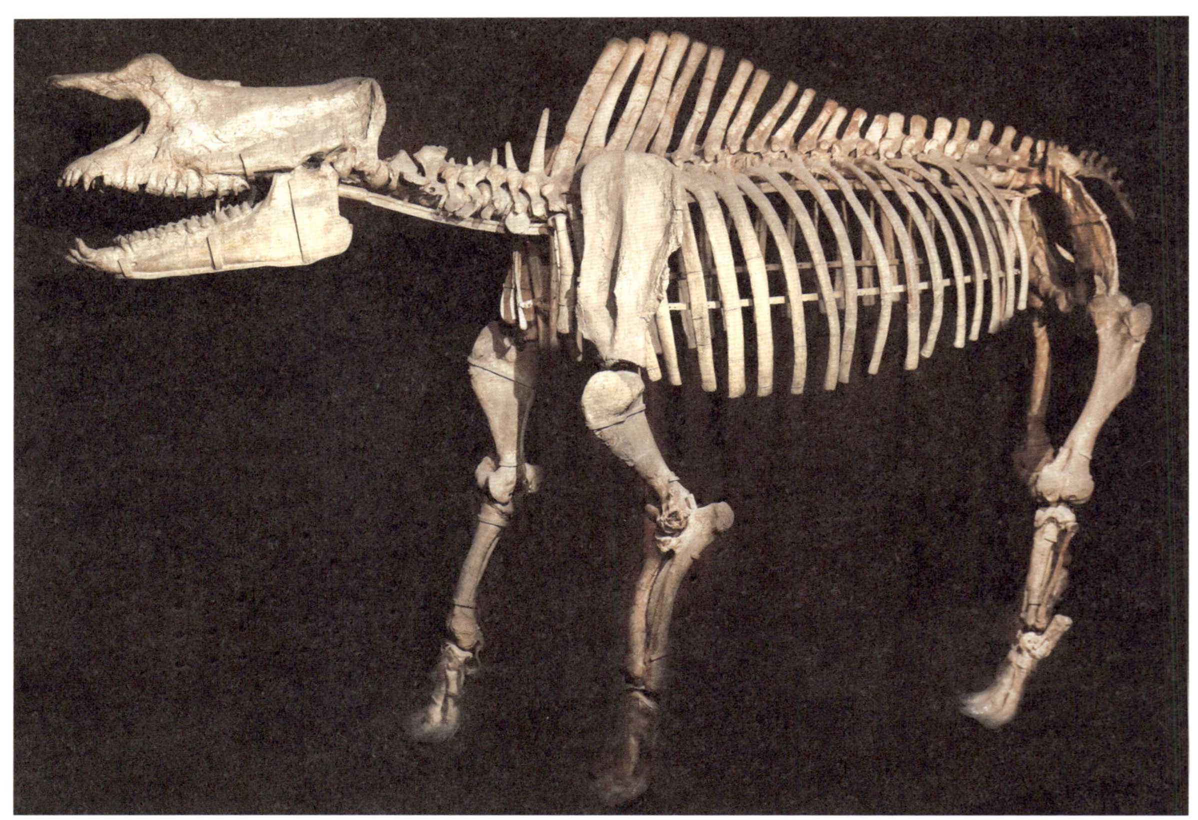

蒙古鼻雷兽骨架化石（来源：中国古动物馆）

在北美印第安人苏族（也叫“达科他族”）的古老传说中，有一则非常有趣：在广袤的北美平原上，经常有成群的巨兽追逐乌云，于是引来了电闪雷鸣和大暴雨。他们由此称这些野兽为“雷马”（thunder horses）。这是些什么样的怪兽呢？

其实它们真实的身份是大角雷兽，生活在距今 3800–3400 万年前的北美洲。它们是已知体型最大的雷兽[5]，肩高 2.5 米，体长 5 米，推测体重可达 3.3 吨，

蒙古鼻雷兽生态复原图（绘图：李荣山）

比现在的犀牛还大一号。别看它身体硕大，但脑子却很小，推测智商欠佳。巨角雷兽最典型的特征是它的鼻子上方突起成一个巨大的“Y”形的骨质角，可以用于防身和雄性间的争斗。

显然这些“动若惊雷”的奇蹄动物[6]与人类没有交集。印第安人之所以演绎出这样的传说，很可能是因为那些集群埋藏的巨角雷兽骨骼化石在一场大暴雨后被冲刷了出来。但印第安人确有先见之明，“雷马”一词准确地预见了雷兽与马的亲缘关系。在现代分类学中，它们同属于奇蹄目下的马型亚目，而犀牛和貘类属于角型亚目。

1959年，中国科学院的考察队在内蒙古发现了大量的雷兽化石，其中包括了这具堪称世界精品的亚洲已知最完整的骨架——蒙古鼻雷兽。王伴月研究员对它进行了详细的形态学和分类学研究，并进行了肌肉复原和功能的分析。蒙古鼻雷兽的体型比现代的犀牛还要笨重，复原的鼻部结构显示，它可能生活在沼泽地带。当它将头埋入水中取食时，可以收缩鼻孔的中下部，使这一部分闭合，而鼻孔的上部仍然露在水面之上，可供呼吸之用。

鼻雷兽来自我国始新世中期（约4000万年前）著名的沙拉木伦动物群[7]，该动物群中还有另一种“大个子”——始巨犀。历经6600万年前的生物大灭绝事件后，**劫后余生的哺乳动物到此时才终于发展出了大体型的代表**。哺乳动物家族的辉煌时代终于来临。

沙拉木伦始巨犀生态复原图（绘图：李荣山）

准噶尔巨犀：史前最大的陆生哺乳动物

展品名称：天山准噶尔巨犀（牙齿化石）
物种学名：*Dzungariotherium tienshanense* (Chiu, 1962)
生活时代：渐新世晚期或中新世早期（距今约 2500 万年前）
化石产地：新疆维吾尔自治区吐鲁番盆地
展出位置：中国古动物馆三层“奇蹄类”展区
——中国科学院古脊椎动物与古人类研究所——

天山准噶尔巨犀牙齿化石（来源：中国古动物馆）

现生的犀牛非常稀少，仅有非洲的 2 个种和亚洲的 3 个种，总数量不足 2 万头，处于濒临灭绝的边缘。然而在地质历史时期，犀牛却曾繁盛一时，其化石的属种和数量远多于其他奇蹄动物。在中国新生代大部分时间里，犀牛均十分活跃，可以说遍地跑犀牛。它们高度分化以适应不同的生态环境，有生活方式与河马相似的两栖犀，有肢骨细长并擅长奔跑的跑犀，还有已知陆地最大的哺乳动物巨犀，以及形态各异的真犀。

巨犀，顾名思义，为巨大的犀牛。有趣的是，犀牛却不是牛，而属于奇蹄动物。根据所发现的骨骼化石推算，天山准噶尔巨犀为地球上已知最大的陆生哺乳动物，体长最大者约为 8.23 米，站立高度可达 7 米，头骨长度超过 1.2 米，推测体重有 24 吨。**无论是高度还是重量，史前的巨犀都超过现代的长颈鹿和大象。**

巨犀生活于距今 4000–2200 万年前，是地球上曾经出现过的最大的陆生哺乳动物。它们身材高大，能吃到树梢的树叶。庞大的体型也可以使其免受肉食动物的侵扰。巨犀的怀孕期可能长达 2 年之久，推测幼年巨犀刚一出生体重就能达到 250 千克，因此它的腿还不能承受自身的重量，需要用一定的时间学习走路。这是它一生中最脆弱的时期。但只要它能熬过这个时期，世界上将没有任何食肉动物能欺负它。

巨犀和现生犀牛的区别在于巨犀的脖子较长，而现生的犀牛脖子很短。很可能巨犀在站立时，其颈部并不像现生犀牛那样是近于水平延展的，而是像现生马那样向前上方斜伸。巨犀在站立时，其前半身抬的明显要比后半身高，综合分析巨犀的形态特征，可以推测巨犀是吃树顶叶子的动物。

巨犀的齿冠很低，构造比较简单、原始，与现生的亚洲犀牛很相似，所以在食性上很可能也与亚洲现生的犀牛一样，以柔嫩多汁的叶、茎等为食，喜欢潮湿温暖的环境。准噶尔巨犀化石在甘肃和政地区的发现表明在渐新世晚期，青藏高原的北缘和南缘都曾有巨犀生活。这至少表明，青藏高原在那时还是植被茂盛、温暖潮湿的地方，还未抬升到很高的海拔，大型的哺乳动物群还可以自由地迁徙。

天山准噶尔巨犀生态复原图（绘图：莫里西奥·安东 Mauricio Anton）

邱占祥：
中国科学院院士，中国科学院古脊椎动物与古人类研究所研究员，世界知名古哺乳动物学家。

扫码听故事

知识窗 9
走出西藏的披毛犀

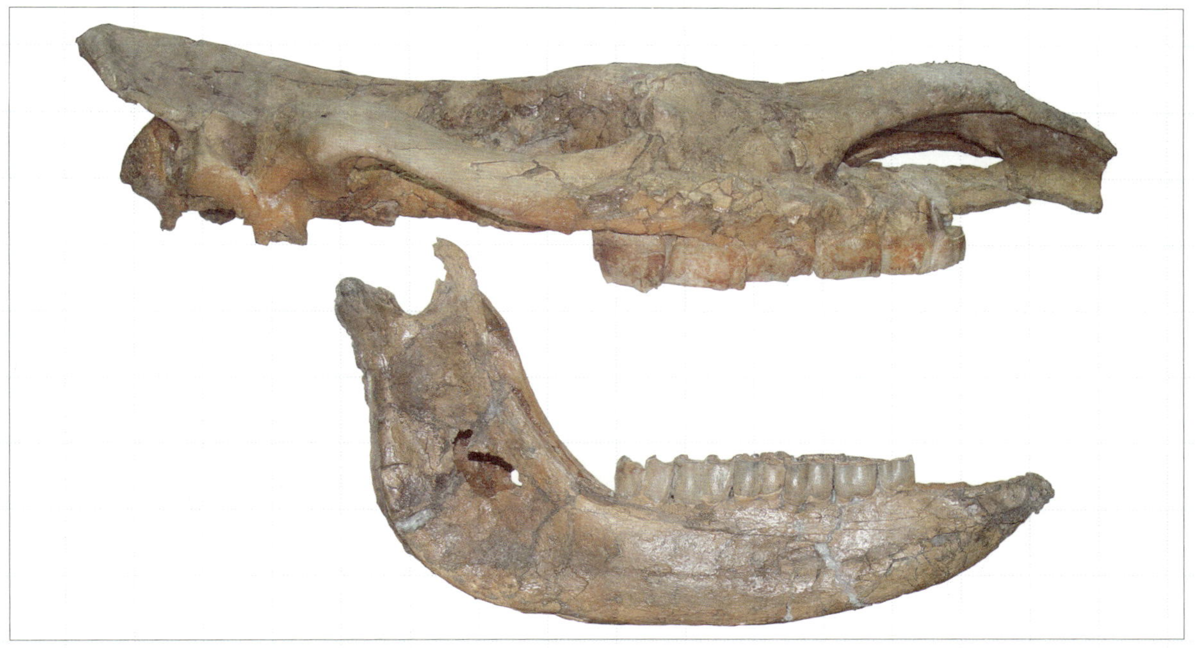

西藏披毛犀头骨化石（来源：中国科学院古脊椎动物与古人类研究所）

冰期动物群与更新世的全球变冷事件密切相关，冰期动物也表现出对寒冷环境的适应，比如它们体型巨大，身披长毛，并具有能刮开积雪的身体构造。冰期动物以猛犸象和披毛犀最具代表性。正因为如此，披毛犀和其他已经灭绝的冰期动物曾经被假定是随着第四纪冰盖扩张演化而来的，它们很可能起源于高纬度的北极圈地区，但人们一直没有取得可信的证据。

中国科学院古脊椎动物与古人类研究所的邓涛研究员等人在 2011 年 9 月 2 日出版的 *Science* 杂志上报道了在西藏喜马拉雅山西部海拔 4200 米的札达盆地发现的世界最原始的披毛犀，证明冰期动物群的一些成员在第四纪之前已经在青藏高原上演化发展。

在札达盆地发现的西藏披毛犀生存于约 370 万年前的上新世中期，根据头骨尺寸估算其体重可达 1.8 吨。它具有披毛犀的一系列典型特征，包括修长的头型、骨化的鼻中隔、宽阔而侧扁的鼻角角座、下倾的鼻骨、高大的齿冠、发达的齿窝等。另一方面，它不同于其他比较进步的披毛犀，例如其鼻中隔骨化程度较弱、长度较短等。与身披长毛的猛犸象和现代牦牛一样，作为西藏披毛犀后代的晚更新世披毛犀也具有厚重的毛发，可以起到保温的作用，由此强烈地表明它适应于寒冷的苔原和干草原上的生活。

西藏披毛犀的整个鼻骨背面都被粗糙面占据，由此表示它在活着的时候长有一只巨大的鼻角。额骨上一个宽而低的隆起表示它还长有一只较小的额角。巨大而前倾的鼻角所具有的刮雪觅食能力可能是它能够生活于青藏高原严酷冬季的最关键适应，这代表了披毛犀谱系独特的演化优势。如此一个简单却重大的“创新”形成于北极永久性冰盖肇始之前，为开启披毛犀在晚更新世冰期动物群中的繁盛之路奠定了关键的预适应基础。披毛犀的存在说明札达盆地在上新世时的高度达到甚至高于现在的海拔，因此形成了冬季漫长的零摄氏度以下的环境。

冬季严寒的高海拔青藏高原成为冰期动物群的“训练基地”，使它们形成对冰期气候的预适应，在距今 280 万年前的上新世晚期，才随着冰期气候的扩展，从青藏高原扩散到欧亚大陆北部的干冷草原地带。**西藏披毛犀的发现质疑了冰期动物起源于北极圈的假说，证明青藏高原才是它们最初的演化中心。**而近年其他冰期动物的祖先类型在青藏高原被陆续发现，也进一步验证了“走出西藏”假说所讲述的精彩故事。

披毛犀的起源、迁徙和分布图（来源：邓涛）

专家讲故事（22）

邓涛：

中国科学院古脊椎动物与古人类研究所副所长，研究员，古哺乳动物学家。

扫码听故事

西藏披毛犀生态复原图（来源：邓涛）

埃氏马：世界已知最大的马

展品名称：埃氏马（头骨化石）
物种学名：*Equus eisenmannae* Qiu *et al*., 2004
生活时代：更新世早期（距今约 250 万年前）
化石产地：甘肃省东乡族自治县
展出位置：中国古动物馆三层“奇蹄类”展区
中国科学院古脊椎动物与古人类研究所

埃氏马头骨化石（来源：中国古动物馆）

中国有一句俗语，说某人长了一副“马脸”，比喻此人的脸非常长。为什么会这么说呢？其实看看马的脸就知道了，从眼睛向下，马的面颊延伸得很长。从生物学的角度，这有两个好处：第一可以延长颊齿的长度和面积，毕竟它们吃的都是草类等纤维素很高的食物，需要一副好牙口才能应对；第二作为草食动物，它们在进食的时候要随时观察周边可能的捕食者，而一张长脸，则可以在吃草的时候，眼睛注视着草的上面，边吃边东张西望！

马在地质历史中保存了丰富的化石记录，因而一直被作为生物演化最典型的范例。早在 1851 年，英国古生物学家理查德·欧文（Richard Owen，也是“恐龙”的命名者）就认识到从始祖马到现生马的直线演化序列，其体型越来越大，四肢越来越长，脚趾从多个逐渐变为单个，越来越善于奔跑。

其实马的演化过程非常复杂，马类演化的中心在北美洲，地史时期多次向其他大陆扩散。单趾的现代真马属（*Equus*）起源于约 400 万年前北美洲的上新马，在约 260 万年前扩散到其他大陆，但在更新世末期却在美洲灭绝了。现代的真马仅有六个物种，它们是三种斑马、两种野驴和一种野马（即著名的普氏野马，我国新疆有野生种群）。从马的演化也可以看出整个奇蹄动物家族的衰落，现今的马科只有真马 1 个现生属，而在中新世时最多曾有 13 个属共存。

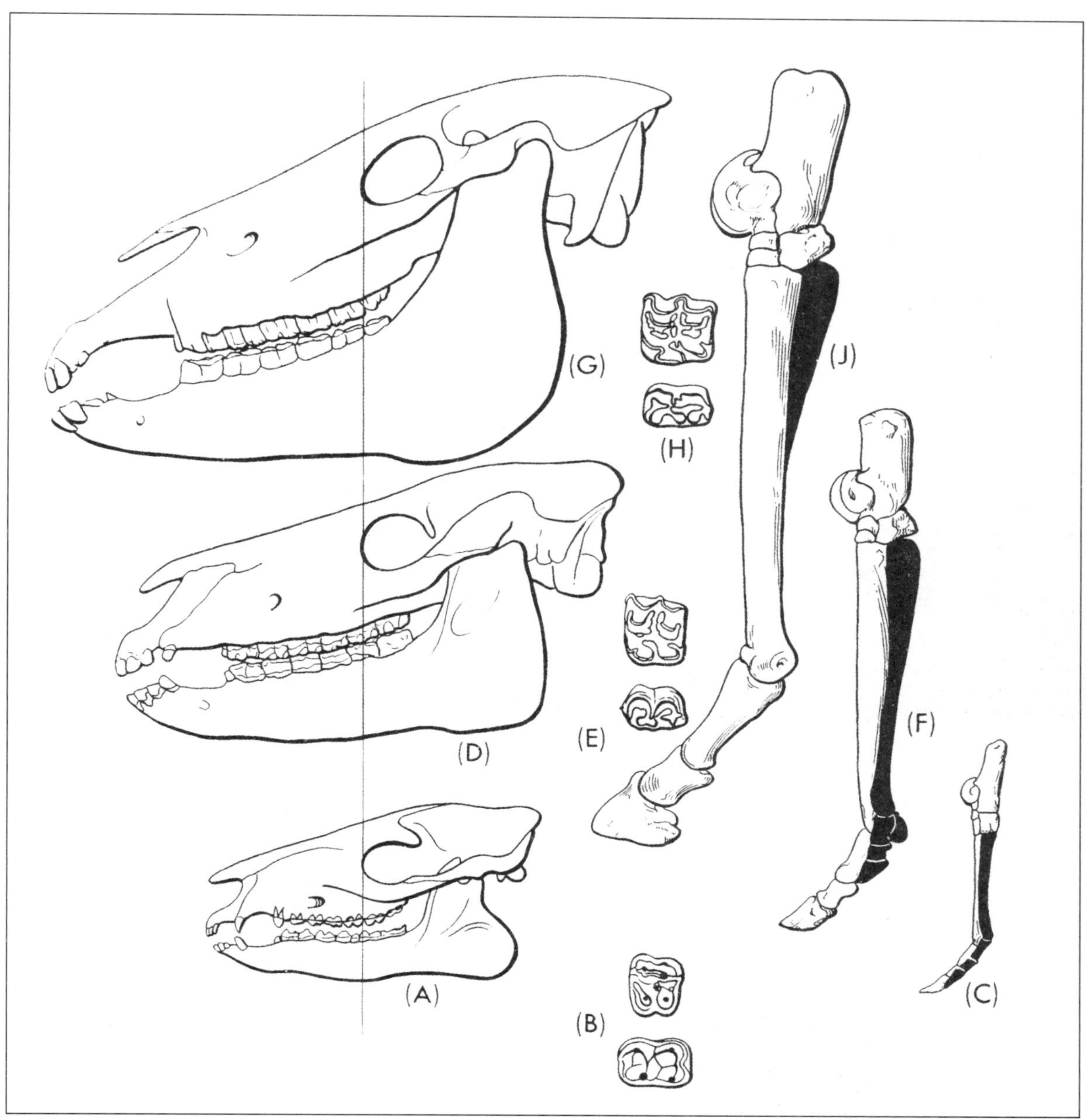

马的演化示意图，显示头骨、牙齿和肢骨的变化：从下向上为从原始到进步类型（来源：邓涛）

中国第四纪的真马化石非常丰富。中国科学院古脊椎动物与古人类研究所邱占祥院士带领的团队在甘肃临夏盆地发现了世界上最大的马——埃氏马，种名献给法国古马类研究专家维拉·埃森曼（Vera Eisenman）。埃氏马生活在距今250万年前，身长2.7–3米，肩高约1.8米，头骨长达70厘米，其中眼眶前的长度就占了2/3。如果你在远古时看到它，一定会惊叹一声：好长的马脸！**埃氏马是世界已知体型最大的马，也是脸最长的马。**以后如果有人说谁谁长了一张马脸，你就想想埃氏马吧！

埃氏马生态复原图（绘图：李荣山）

专家讲故事（23）

邓涛：
中国科学院古脊椎动物与古人类研究所副所长，研究员，古哺乳动物学家。

扫码听故事

和政羊：叫羊非羊的动物

展品名称：布氏和政羊（头骨化石）
物种学名：*Hezhengia bohlini* Qiu *et al*., 2000
生活时代：中新世晚期（距今约 900 万年前）
化石产地：甘肃省和政县
展出位置：中国古动物馆三层“偶蹄类”展区
——中国科学院古脊椎动物与古人类研究所——

布氏和政羊头骨化石（来源：中国古动物馆）

和政羊是一种史前的偶蹄动物[8]，它是甘肃和政地区的特有化石物种，同时也是和政最大的动物群——距今约 900 万年前中新世晚期三趾马动物群中的重要成员。因为在其他地方目前尚无发现，和政羊常被视为和政动物群的代表物种。布氏和政羊是麝牛类早期的祖先类型，其种名用以纪念对中国的麝牛化石研究作出过重大贡献的瑞典古生物学家博格·布林（Birger Bohlin）。和政羊化石在和政地区发现量很大，仅头骨化石就有 700 个之多。

和政羊的角基部互相靠近，使额部大大变宽，两角水平地向侧方伸展，头骨在角后的部分很短等，这些都是麝牛类才拥有的特征。**和政羊的发现表明，麝牛的起源很可能是在亚洲，后来才通过白令海峡迁徙到了北美地区。而在当今世界，麝牛只分布于北美地区。**和政羊喜欢在有岩石的草原地带生活，以植物为食。

以和政羊为代表的和政生物群出土于甘肃省中部

布氏和政羊生态复原图（绘图：李荣山）

临夏盆地，处于青藏高原与黄土高原交汇地带，是青藏高原东北缘的断陷盆地，发育并出露距今约 3000 万年以来较为连续的新生代陆相沉积，其中含有大量的哺乳动物化石。到目前为止，在临夏盆地 100 多个化石地点发现和征集的化石标本超过 3 万件，是我国乃至整个欧亚大陆产出哺乳动物化石最为丰富的地区。

和政生物群可以划分为四个不同的阶段：渐新世晚期的巨犀动物群、中新世中期的铲齿象动物群、中新世晚期到上新世早期的三趾马动物群和更新世早期的真马动物群。这四大动物群共同构成了和政古生物群，其中以三趾马动物群的材料最为丰富。

三趾马动物群是以该动物群中最具代表性的一种动物三趾马命名的，代表哺乳动物由古老向现生种类转变的一个动物群，也是在种类和个体数量上都很丰富的动物群。三趾马作为生物演化的最有力的实物证据，曾发挥过重要的作用。三趾马动物群以原臭鼬、剑齿虎、鬣狗、三趾马、大唇犀、无鼻角犀、板齿犀、弓颌猪、长颈鹿、和政羊和羚羊等最为丰富。

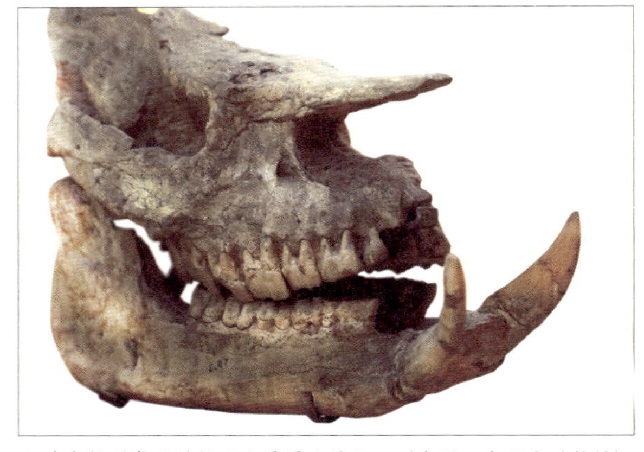

和政生物群常见的维氏大唇犀头骨化石（来源：中国古动物馆）

和政地区的晚新生代哺乳动物包括了六项世界之最：世界上独一无二的和政羊化石、世界上最丰富的铲齿象化石、世界上最丰富的三趾马动物群化石、世界上最早的第四纪披毛犀化石、世界上最大的真马化石——埃氏马以及世界上最大的鬣狗化石——巨鬣狗。这里无疑是一个世界级的化石宝库。

肿骨鹿：头顶大角的古人类猎物

展品名称：肿骨鹿（下颌骨化石）
物种学名：*Megaloceros pachyosteus* Young, 1932
生活时代：更新世中期（距今约40万年前）
化石产地：北京市房山区周口店镇龙骨山周口店第一地点
展出位置：中国古动物馆三层“偶蹄动物”展区
——中国科学院古脊椎动物与古人类研究所——

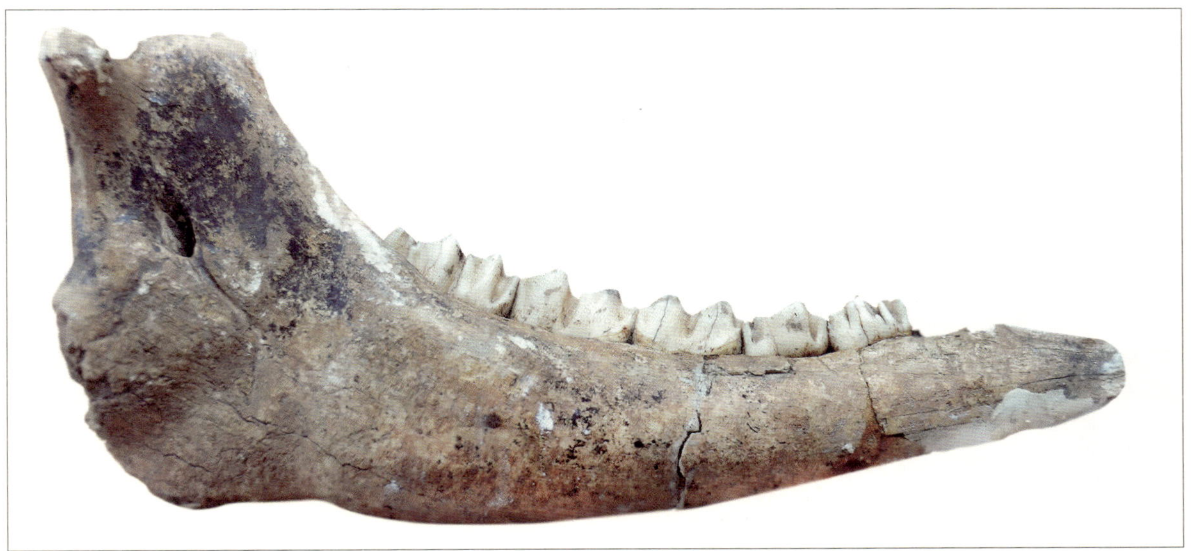

肿骨鹿下颌骨化石（来源：中国科学院古脊椎动物与古人类研究所）

20世纪20–30年代，周口店遗址因为北京人化石的发现而闻名世界，中外学者对这里进行了连续发掘。除了人类化石、石器外，发现更多的是动物化石，其中有一种鹿类不仅有硕大的鹿角，还有肿厚的下颌骨，明显与其他鹿类不同。1932年经我国古脊椎动物学之父杨锺健研究后，将其定名为肿骨大角鹿，简称肿骨鹿。肿骨鹿是大角鹿属的一个种，发现于更新世中期的地层中，在中国长江以北地区如河北、山东、北京、山西、河南、甘肃、陕西、安徽、江苏等地都有发现。

肿骨鹿是周口店动物群的典型代表，其出土的化石是偶蹄目中数量最多的，至少有50件保存较好的角，100件以上的头骨，约1000件上颌骨，几千件下颌骨以及其他部分的骨骼。从下颌骨数量判断，至少代表了2000个个体。又因为其头顶硕大沉重的鹿角，不善于快速奔跑。**结合在遗址中不少肿骨鹿化石破碎且有被烧过的痕迹，因此它被认为是北京人最主要的狩猎对象。**

肿骨鹿的角化石（摄影：张绍光）

肿骨鹿生态复原图（绘图：李荣山）

由于周口店遗址出土了大量的肿骨鹿化石，过去一直把它看作是更新世中期我国北方的代表性物种。后来在内蒙古萨拉乌苏更新世晚期的地层中也发现过肿骨鹿化石，说明在局部地区，肿骨鹿的生存时间要更长久一些。

根据其身体构造及生活习性来看，肿骨鹿是典型的食草动物，群居生活在山地、草原或稀疏的树林中。50 万年前的周口店地区是偏暖的半湿润气候与偏冷的半干旱气候交替出现，但到了晚更新世随着气候变得长期干燥寒冷，导致了肿骨鹿最终走向灭绝。

晓鼠：地球上的第一只鼠

展品名称：东方晓鼠（头骨模型）
物种学名：*Heomys orientalis* Li, 1977
生活时代：古新世中期（距今约 6000 万年前）
化石产地：安徽省潜山县
展出位置：中国古动物馆三层“鼠与兔”展区
中国科学院古脊椎动物与古人类研究所

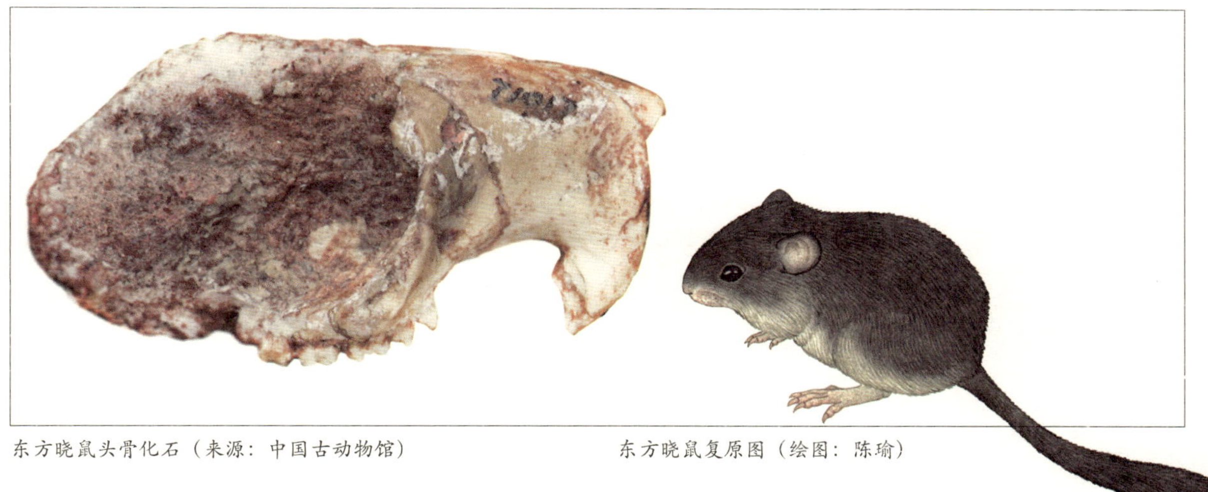

东方晓鼠头骨化石（来源：中国古动物馆）　　东方晓鼠复原图（绘图：陈瑜）

“硕鼠硕鼠，无食我黍！”“官仓老鼠大如斗，见人开仓亦不走”。这些诗句很形象地描写了老鼠，而人类与鼠患（偷粮、鼠疫）的斗争也从未停止，可谓屡败屡战。老鼠属于啮齿类[9]，其实 6000 万年前啮齿类的祖先就已经出现在地球上了，而现今啮齿类约占哺乳动物物种总数的 40%，是当之无愧的哺乳动物第一大家族。在我国发现的新材料证实：安徽潜山古新世晚期地层中的东方晓鼠是啮齿类的祖先类型。

“有兔爰爰，雉离于罗”“白兔捣药秋复春，嫦娥孤栖与谁邻”。这些诗句则是描写兔子，刻画出兔的逍遥与勤劳，借以比喻人类向往的宽松与自由。和鼠类一样，兔子的远祖——模鼠兔也在 6000 万年前出现了，而且它与晓鼠同地“同窝”。如果说晓鼠是啮齿类的祖先类型，那模鼠兔则是兔类的原始“模版”。

老鼠和兔子都归属于啮型动物，都长有终生生长的大门牙。鼠类的门牙上下左右各有一颗，故在学术上称谓“单门齿啮型动物”。鼠的门牙生长很快，必须不断的磨耗，否则门牙长大、会撑起嘴巴无法进食，乃至饿死——这也是老鼠喜欢啃东西的道理。而兔子在上颌的大门牙后面，还有一颗小门牙，所以叫“双门齿啮型动物”。

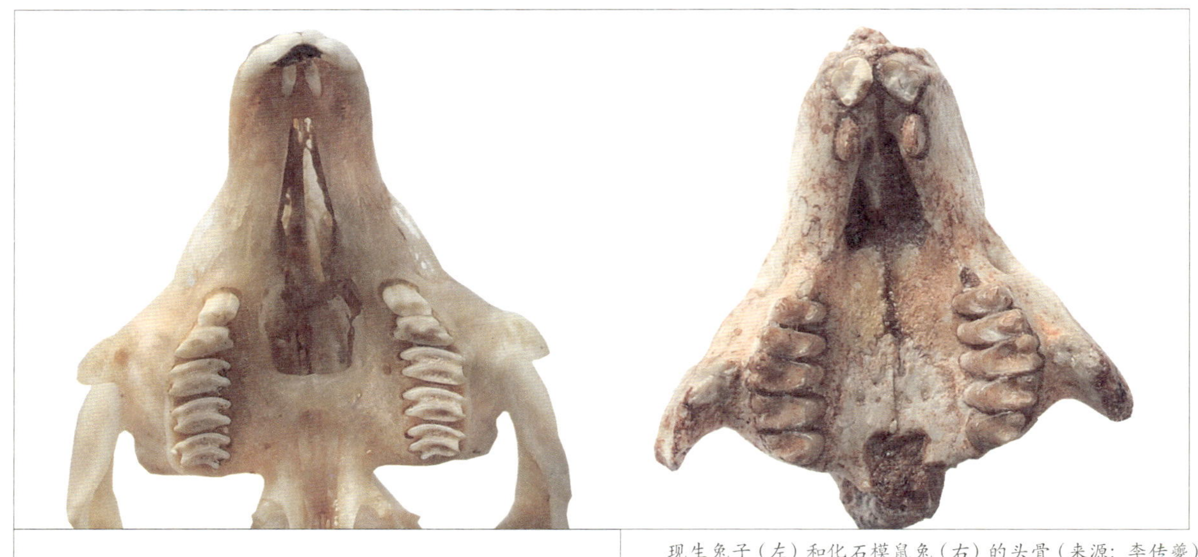

现生兔子（左）和化石模鼠兔（右）的头骨（来源：李传夔）

安徽模鼠兔复原图（绘图：陈瑜）

鼠和兔原本是近亲，不料 1912 年一位美国学者提出异议，引起了近百年的学术争议。直到 1977 年我国古生物学家李传夔先生在安徽潜山发现了晓鼠和模鼠兔，才从古生物学角度确认了鼠和兔的亲缘关系。如今随着科学的进展，分子生物学、胚胎学、门齿釉质层结构等多方面证据，都验证了鼠和兔是近亲，都应归属于啮型动物。

安徽省潜山盆地除了发现了鼠和兔的祖先，还发现了很多其他的古老型哺乳动物的化石。这些化石来自新生代的第一个时期：古新世。这些动物生存的时期距白垩纪末的生物大灭绝(见第249页)仅数百万年，地球的生态系统中充斥着诸多尚未被填补的“空位”。而大劫难后的哺乳动物已经开始了它们的演化辐射，虽然是以一种笨拙且试验性的形式（很多类群没有留下后代），但足以预示一个哺乳动物多样性的黄金时代即将来临。

值得一提的是，鼠和兔的家族以繁殖能力强、适应环境能力强而著称。曾有人预测，如果未来地球遭遇大的环境灾难，脊椎动物中很可能是这些喜欢啃东西的小家伙更容易幸存下来！

硅藻鼠：一个灭绝类群的“复生”

展品名称：山东硅藻鼠（骨骼模型）
物种学名：*Diatomys shantungensis* Li, 1974
生活时代：中新世中期（距今约 1800 万年前）
化石产地：山东省临朐县
展出位置：中国古动物馆三层“鼠与兔”展区
——中国科学院古脊椎动物与古人类研究所——

山东硅藻鼠骨骼模型（来源：中国古动物馆）

2005 年，英美学者在老挝山区发现了一种全新的啮齿动物，命名为“谜岩鼠”，并为它建立了一个新科——谜岩鼠科。正当现代生物学家为这个发现欣喜若狂时，古生物学家却发现，**这个现生新物种竟与产自山东中新世的山东硅藻鼠非常相似**。于是，学者们将谜岩鼠的头骨、牙齿、脊椎等与山东硅藻鼠的化石进行了 120 多处仔细比较。最终确认，谜岩鼠并非想象中的新科物种，而是距今 2800–1100 万年前曾生活在中国、日本、南亚到中东阿拉伯的硅藻鼠科，在戛然消失了 1000 多万年后，转又“复活”了的孑遗后代。这与拉蒂迈鱼的故事非常相似。

硅藻鼠是一种体长 25 厘米、长着长长的门齿、肌肉发达的啮齿类动物。因保存在特殊环境下形成的细粒沉积物中，从而可以保存为具有软组织印痕的完整骨架。硅藻鼠在1974年被命名的时候具体分类位置不明。随后的几十年间，硅藻鼠与其后被发现的威尔鼠和法尔鼠同被归入硅藻鼠科。该科是化石啮齿类中一个非常特别的家族，仅生活于渐新世和中新世。

然而这一情况在2005年突然发生了变化，就在生物学家在老挝的农贸市场上发现并描述这种过去科学界未知的、主要被当地人用于烹饪的啮齿动物后不久，这种被命名为“谜岩鼠”的动物被古生物学家揭示了其真实的家族身世：2006年3月10日，中国科学院古脊椎动物与古人类研究所的李传夔先生（正是山东硅藻鼠的命名人）等中外学者发表在*Science*上的一篇论文证实，谜岩鼠其实是一种现生的硅藻鼠类。

山东硅藻鼠复原图（绘图：陈瑜）

原来老挝的谜岩鼠是过去被认为已经绝迹1100万年的硅藻鼠类的后代！也就是说，硅藻鼠家族在消失1000多万年后又重新“复活”了！不过，生物的演化具有不可逆性，一个类群灭绝后，不可能重新出现。所以过去人们认为的硅藻鼠科的“绝迹”只是个假象！它们一直与我们同在，只是人类没有发现而已。

山东硅藻鼠来自著名的山旺生物群，这是一个发现于山东省中部临朐县山旺村的化石群，生存在距今1800万年前的中新世早期。已经发现了玄武蛙、山旺蝙蝠、齐鲁鸟（一种大型秃鹫）、萨摩麟（一种古长颈鹿）、无角犀等数十种脊椎动物以及将近200种昆虫和各类植物。这里也是世界上唯一产林蛙蝌蚪化石的地方。所有化石精美地保存在富含硅藻[10]的页岩和泥岩中。山东硅藻鼠也因此而得名。

专家讲故事（24）

李传夔：
中国科学院古脊椎动物与古人类研究所原研究员，古哺乳动物学家。

扫码听故事

安徽模鼠兔 头骨

本章注释

1 德国学者阿尔弗莱德·魏格纳（Alfred Wegener）于1912年提出地球大陆原来聚在一起，后来逐渐分开漂移至现在位置。支持该假说的古生物证据包括爬行动物中龙、水龙兽、犬颌兽以及蕨类植物舌羊齿的跨大洋分布格局。

2 在美国学者马什和柯普20多年的“骨头战争”竞争中，二人一共命名了136种恐龙（当然很多是无效的），其中马什以80种在数量上赢得了“胜利”。虽然有些竞争手段并不光彩，但二人命名的很多恐龙却都非常知名，如三角龙、异特龙、梁龙、剑龙、圆顶龙等。

3 剑齿象是一类生活于距今1200万年前至4000多年前的古象，体型多巨大强壮。我国北方以师氏剑齿象较为常见，而南方更新世中期的大熊猫–剑齿象动物群中的象类为东方剑齿象。剑齿象比著名的猛犸象更为原始，后者以身披长毛和大牙卷曲为特征。

4 食肉类是哺乳动物中的一个类群，因多数为肉食性动物而得名（杂食性的熊类和素食性的大熊猫等例外）。它们拥有锐利的犬齿和爪子以及特征性的裂齿等捕食利器。分为猫形类（狮、虎、鬣狗等）和犬形类（犬、熊和海生的鳍足类等）两大分支。

5 雷兽是一种已灭绝的、体型似犀牛的史前奇蹄动物，生存于北美洲和亚洲的始新世时期。虽然体型似犀牛，但它们与马类的亲缘关系更近。早期种类个体较小，演化后期出现大型的、具有各种奇特角的代表如大角雷兽、锤鼻雷兽等。

6 顾名思义，“奇蹄动物”就是脚趾数目为奇数的有蹄动物，包括现存的马、犀牛和貘，以及已灭绝的雷兽和爪兽五大类群。奇蹄类的前后足通常只有三个起作用的趾，重心落在中趾；在最进步的现代马中则仅剩一个中趾。奇蹄动物在地史时期曾十分繁盛，如我国发现过100多个犀牛化石种，但后来奇蹄类种类和数量大幅下降，逐渐让位于偶蹄类。

7 沙拉木伦动物群是生活在距今约4000万年前的始新世中期的古动物群，因化石最先发现于内蒙古沙拉木伦河流域而得名。这是一个大型奇蹄动物统治的世界，包括多种大型犀牛。其中的沙拉木伦始巨犀属于原始的巨犀类，肩高超过2米，腿长、脖子长，形似一头矮壮的长颈鹿。该时期也出现了原始的偶蹄动物，如兔子般大小的古鼷鹿。尽管那时的偶蹄动物被掩盖在奇蹄动物的光辉下，但之后它们的家族将获得大的发展。

8 偶蹄动物是趾数为偶数的一类有蹄动物。包括现生的猪、河马、骆驼、牛、羊、鹿、长颈鹿等。偶蹄类每足具有二或四个趾，重心落在第三和第四趾之间。会反刍的偶蹄类多具有发达的角，角的形态常作为分类的依据。最新研究显示，鲸与偶蹄类的关系密切，很可能起源于陆生古偶蹄类。有学者因此将它们合称为鲸偶蹄目。

9 啮齿类是一类具有单门齿的哺乳动物。它们不但物种数占哺乳动物的首位，而且数量惊人，被发现于除南极洲之外的所有大洲。包括各种鼠类、松鼠、豪猪、河狸以及体长超过1米的水豚等，并拥有树栖、穴居、半水生等多种生态类型。

10 硅藻是一类单细胞的微体藻类，是最常见的浮游生物。它们的壳体高度硅质化。由硅藻化石沉积形成的山东山旺地区的中新世硅藻页岩，不但重量很轻，而且风化后呈书页般一片片翘起，因此被形象地称为“万卷书页岩”。

第六章：人类的黎明

基猴：泄密的跟骨

展品名称：阿喀琉斯基猴（骨骼模型）
物种学名：*Archicebus achilles* Ni *et al.*, 2013
生活时代：始新世早期（距今约 5500 万年前）
化石产地：湖北省松滋县
展出位置：中国古动物馆三层“灵长类”展区
——中国科学院古脊椎动物与古人类研究所——

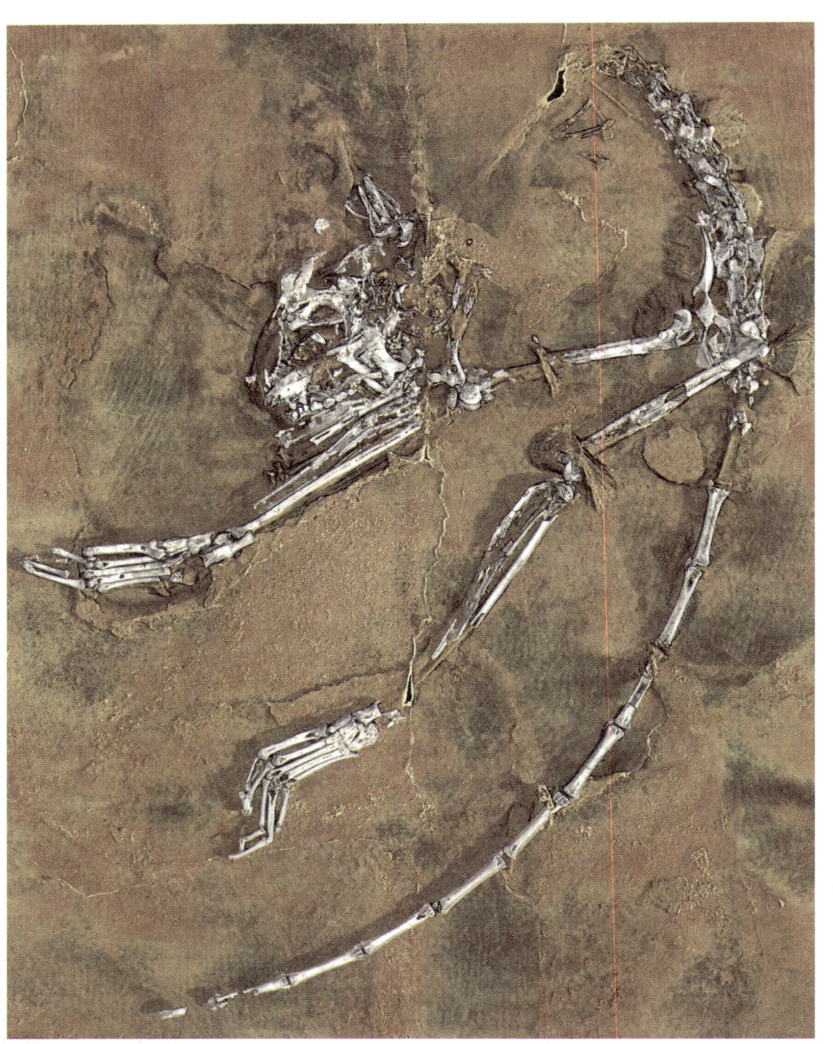

阿喀琉斯基猴骨骼化石（来源：倪喜军）

这一篇我们先从神话故事讲起。阿喀琉斯是古希腊神话中的一个半神英雄，是海洋女神忒提斯和英雄珀琉的儿子。他的母亲是不朽的神，所以她也希望自己的孩子不朽。于是在阿喀琉斯出生后忒提斯就捏着他的脚踝将他浸泡在冥河水中，使他全身刀枪不入。然而阿喀琉斯被握着的脚踝没有浸到冥河水，因此成为他身上唯一的弱点。后来阿喀琉斯作为希腊联军第一勇士参加了特洛伊战争，杀死特洛伊第一勇士大王子赫克托耳，使希腊军转败为胜，但却被特洛伊二王子帕里斯用暗箭射中脚踵而死。因此，阿喀琉斯的脚踝——我们常说的“阿喀琉斯之踵”，被视为某人或某事物最大的弱点所在。

阿喀琉斯基猴生态复原图（绘图：倪喜军）

发现于湖北省荆州市附近距今5500万年前的湖相沉积中的阿喀琉斯基猴，正是因为它脚踝中的一块骨头——跟骨的独特结构泄露了它的演化密码，于是被研究者给予了这样的种名（请注意，种名可不是“阿喀琉斯基”哟！）。研究者还发现，基猴是已知最为古老、化石保存最为完整的灵长类[1]，同时也是极为原始的灵长类之一。它在高级灵长类系统演化树上处于非常基干的位置（因而得名“基猴”），接近于类人猿与跗猴（眼镜猴）两个支系的分支点，是目前已知与类人猿远祖最为接近的灵长类。

一般而言，跗猴的脚跟很长，非常适合在树林间跳跃生活，事实上“跗”这个字指的就是脚跟处的几块骨骼。相比之下，包括人类在内的类人猿，脚跟则较宽，不擅长跳跃而更适合行走或奔跑。基猴拥有很多跗猴的特征：头骨、牙齿和四肢骨的很多特征都与跗猴类似，较为原始，但它的脚骨比例却与类人猿接近——跟骨偏短而跖骨极长。这个不适合跳跃的特征对于一只树栖的猴子来说当然是名副其实的“阿喀琉斯之踵”了，但是对于早期类人猿，这也许是它们适应于多类型环境的关键特征之一。

研究者历时十年对基猴进行了深入的分析，并利用最为先进的同步辐射CT扫描技术，数字化地重建了仍然埋藏在岩石内部的化石骨骼结构。根据生态复原，基猴应该是一种小型的非常活跃的灵长类，体长约7厘米，推测体重约30克，在白天活动（这点也与高级灵长类类似），依靠视力用手来捕食昆虫。

在基猴生活的时代，全球正处于温室期，气候湿润炎热，茂密的森林覆盖到了南北极，在阿拉斯加甚至都有棕榈树。在这种环境中，能保存下如此完整的灵长类化石骨架，堪称是个奇迹！

专家讲故事（25）

倪喜军：
中国科学院古脊椎动物与古人类研究所研究员，古哺乳动物研究室副主任，古哺乳动物专家。

扫码听故事

巨猿：消失的巨人

展品名称：步氏巨猿（下颌骨化石）
物种学名：*Gigantopithecus blacki von* Koenigswald, 1935
生活时代：更新世早期（距今约 200 万年前）
化石产地：广西壮族自治区柳城县
展出位置：中国古动物馆三层“灵长类”展区
——中国科学院古脊椎动物与古人类研究所——

步氏巨猿下颌骨化石（来源：中国古动物馆）

电影《金刚》很多人都看过，那个黑色巨兽的原型很可能就是一种大型史前类人猿——巨猿。1935 年，荷兰古生物学家孔尼华（G. H. R. von Koenigswald）在香港中药铺首次发现了步氏巨猿的牙齿化石，他把种名献给了曾在周口店工作过的、北京人的命名者——加拿大著名古人类学家步达生（Davidson Black）。巨猿生活在更新世的早期和中期，距今约200–40万年前，在我国广西、湖北、重庆、贵州、海南以及越南北部等多地已发现了四个下颌骨和数千枚牙齿化石。**巨猿是目前已知最大的灵长类**，有人推测成年巨猿身高可达 3 米，体重 300 千克。

自 1935 年巨猿牙齿化石从中药铺的“龙骨”[2]中被辨认出来起，它的身世之谜一直困扰着国内外学者。直至 1956 年由中国科学院古脊椎动物研究室成立广西野外考察队，在大新县洞穴中发现了巨猿的牙齿，才解决了其产地和层位问题。此后又在柳城县楞寨山硝岩洞中先后出土了 3 件巨猿下颌骨及上千枚牙齿，该洞也因此被称为巨猿洞。

巨猿与现代人的模拟比较（来源：维基百科 Wikipedia）

除巨猿外，巨猿洞内还出土了其他动物的大量化石，合称为“柳城巨猿洞动物群”，它们生活在距今约 200 万年前。其中以哺乳动物的化石数量最多，既有凶猛的更新世猎豹和桑氏鬣狗，也有性情温和的云南马和丘齿鼷鹿。从动物种类和习性推断，当时巨猿生活在温暖湿润的热带、亚热带森林环境里。

尽管在巨猿洞中没有发现人类遗存，但是在巨猿生存的时代里，我国华南地区已经生活着远古人类。这些与猿共伍的古人类是否感到“压力山大”呢？他们会不会遭到这个大块头的无情攻击呢？幸运的是，看似凶猛的巨猿实则是温和的素食者，它主要摄取坚韧、高糖、富含纤维的植物。从树冠顶部的水果和树叶，到树冠下面的竹子、灌木、草类及根茎等都可能是巨猿的食物。没想到吧，巨猿跟可爱的大熊猫一样喜欢吃竹子。

对巨猿是人还是猿学界曾有争议，有人认为它是人类的祖先，或者是早期人类的绝灭旁支，因此甚至将巨猿改名为“巨人”。目前观点多把它归在猩猩亚科，可能与现生的红毛猩猩是近亲，属于人科[3]成员。同样存在争议的是禄丰古猿，它们生活在中新世晚期，距今约 900–600 万年前，也有可能进入上新世的早期；化石发现于云南的开远、禄丰、元谋、保山和昭通等地。禄丰古猿曾被认为是代表早期人类祖先的腊玛古猿，但也有学者把它归在猩猩亚科。在印度、巴基斯坦、土耳其、泰国等地也发现了其他多种中新世古猿，它们生活的时代比禄丰古猿更早。这些已经灭绝的古猿们与猩猩之间的亲缘关系如何？它们中有无巨猿的直系祖先？它们是人类演化的旁支吗？很多问题目前还没有答案，也许要等某一天，巨猿的头盖骨和四肢骨骼化石发现之后，一切谜团会迎刃而解。

禄丰古猿下颌骨模型（来源：中国古动物馆）

大事件⑨
人类的起源

人类的出现无疑是脊椎动物演化史中最具革命性的事件——他们无与伦比的智慧和技术深刻改变了人类自身和地球上生物演化的历程。

很难想象在距今一万多年前，我们的祖先还挥舞着木棒与剑齿虎搏斗。

在脊椎动物的演化史中，如果说有一种动物的出现能改变生物的演化进程，那无疑说的是人类。很难想象在距今1万多年前，我们的祖先还挥舞着木棒与剑齿虎搏斗，而如今的人类未必比过去更强壮，但生产出的现代武器已经让所有动物胆寒……人类的出现无疑是脊椎动物演化史中最具革命性的事件——他们无与伦比的智慧和技术深刻改变了人类自身和地球上生物演化的历程。

探究人类的起源不妨从现存的猿类谈起。现在学术界已经确认，人类与非洲的现生猿类——黑猩猩的亲缘关系最近。排在第二位的是大猩猩，也生活在非洲。而亚洲的猩猩和长臂猿算是人类较远的表亲。由于与人类关系最近的灵长类都生活在非洲，1871年达尔文在《人类的由来》一书中提出人类“早期的祖先”也很可能生活在“黑色大陆”上；那时候，人类的化石记录非常少，直到20和21世纪的发现才证实，达尔文当年做出的有根据的推测是何等正确！

化石证据显示，在距今700万年前或更早，人族与黑猩猩的支系分开，而最早的人类是非洲乍得距今600多万年前的撒海尔人。人与猿的重要差别在于前者能长时间地直立行走，而其头骨的枕骨大孔也相应朝向下方。直立行走也许是由于气候干旱造成树林面积减少的被迫举动，但学界对此还有争论。按理说此后的人族成员都应该叫某某人了（如原初人），可是由于材料和历史认识的原因，地猿、南方古猿等古人仍保留了猿的名字。

大约250万年前，拥有强壮下颌的傍人出现在非洲，随后是最早的“人属”（*Homo*）成员，包括非洲250万年前出现的能人以及190万年前出现的鲁道夫人（有人认为它是进步的能人）和亚非欧大陆的直立人。*Homo*这个拉丁文的意思正是“人”。此时的人类早已经学会制造并使用石器。直立人可能数次走出非洲（第一次走出非洲的古人类大概就是直立人，距今约180万年前），扩散到亚洲和欧洲的多个角落，周口店的北京人和印尼的爪哇人都是他们的亚洲代表。

距今约30–20万年前，现存的人类物种——智人种终于出现在地球上，这次还是在非洲，但之后古人类再次走出非洲（这次是智人，有人称其为“第二次走出非洲”），扩散到欧亚大陆并逐渐分布到全世界。过去认为非洲来的现代人完全取代了欧亚的原住民（“替代假说”），其间没有杂交；2010年起修改为大部分取代（“同化假说”），在此过程中，他们与欧亚原住民可能有一定的杂交。中国科学院古脊椎动物与古人类研究所的吴新智院士等学者相信“多地区演化假说”，认为欧洲的现代人主要来自非洲，而中国当地的古老人类对中国现代人类基因库的贡献更大。有一点是确定的，新证据显示智人走出非洲的时间比过去认为的（距今约6万年前）早了许多。

由于拥有更大的脑量，智人的智商应该显著高于其他古人。根据一项最新的研究，强大的协作能力很可能是他们战胜了同时期的尼安德特人、罗德西亚人等其他古人类的制胜秘籍。最后必须指出的是，人类的演化已经不单单是生物体质的演化，还包括文化的演化，并伴随着他们所创造出的科学技术的迅猛发展。后二者已经深深影响了人类及其他地球生物的演化历程。

撒海尔人的头骨化石和复原头像（来源：维基百科 Wikipedia）

北京直立人：珍宝的神秘消失

展品名称：直立人北京亚种（头骨模型）
物种学名：*Homo erectus pekinensis* (Black, 1927)
生活时代：更新世中期（距今约 50~20 万年前）
化石产地：北京市房山区周口店镇
展出位置：中国古动物馆一层“树华古人类馆”展区
中国科学院古脊椎动物与古人类研究所

北京人头骨模型（来源：中国古动物馆）

很多人都知道在北京城西南 48 千米有一个“周口店北京人遗址”。1987 年，它同故宫、长城等一起成为中国首批进入世界文化遗产名录的珍宝，在公众中一举成名。然而大多数人并不知道其重要意义何在。其实一个主要原因就在于这里发现了早期古人类的多个头盖骨，而头骨在人类演化研究中具有极其重要的价值。除了头骨外，还有众多人牙、头后骨骼，以及石制品、用火遗迹、伴生动物化石等，使北京周口店成为亚洲首个发现大批早期人类化石的地方以及研究其生活环境、文化行为的绝佳地点。

1921 年，西方学者首先在周口店发现了大量动物化石，第一颗古人类牙齿于 1923 年被发现（也有考证称 1921 年），却被秘而不宣地带到了瑞典。1926 年一枚肯定无误属于人类牙齿的公布引发了周口店的大规模发掘，人类化石、石制品、用火遗迹等相继被辨认出来，使周口店迅速成为世界的焦点。1929 年 12 月 2 日，裴文中带领工人在周口店发掘出了第一个北京人头盖骨化石。1936 年 11 月，贾兰坡又连续发现了 3 件较完整的头盖骨。1937 年周口店的发掘工作因抗日战争的全面爆发而终止。

在 10 多年的系统发掘中，这里共发现了近 200 件人类化石，这些材料被详细地观测和描述并及时翻制了高仿真模型。谁也没有想到，这些模型如今竟然成为对北京人化石进行再研究的第一手资料，而那些珍贵的化石于 1941 年太平洋战争爆发前夕被胡承志先生精心包装后，装在两个木箱中，于北京协和医院移交给了美军。然后，就没有然后了——所有珍宝神秘失踪，至今未见。震惊之余，令人惋惜！目前现存的北京人头骨化石是 1966 年发掘出来的，被证实与 1941 年丢失的头骨中的两块属于同一个体。其他现存北京人化石还有少量牙齿、肢骨以及一件下颌骨。

这些古人类化石一开始被步达生鉴定为“中国人北京种”，现在已被订正为“直立人北京亚种”，简称“北京直立人”，俗称“北京人”。但在公众中流传最广的名字却是“北京猿人”，这曾是个学名，但后来演变为一个俗名。北京直立人拥有低的额头（说明脑量不如现代人）、宽扁的鼻子、粗大的眉骨（都可以挡雨了），而且没有下巴颏（嘴向前撅着），男性平均身高也只有 156 厘米。如果你有幸跟这个矮个子在街头打了个照面，肯定会印象深刻。

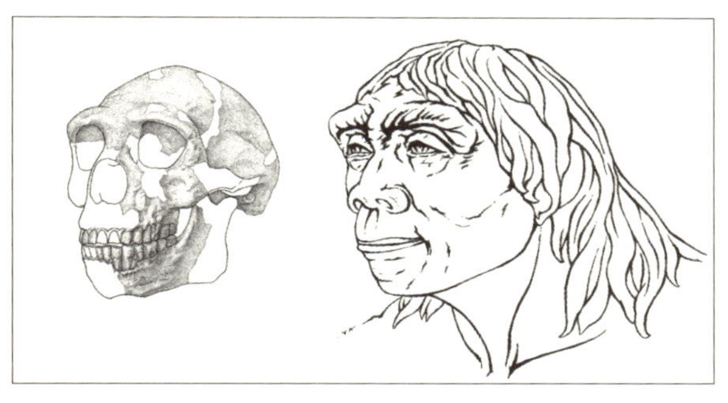

北京人头骨复原图和复原头像（绘图：许勇）

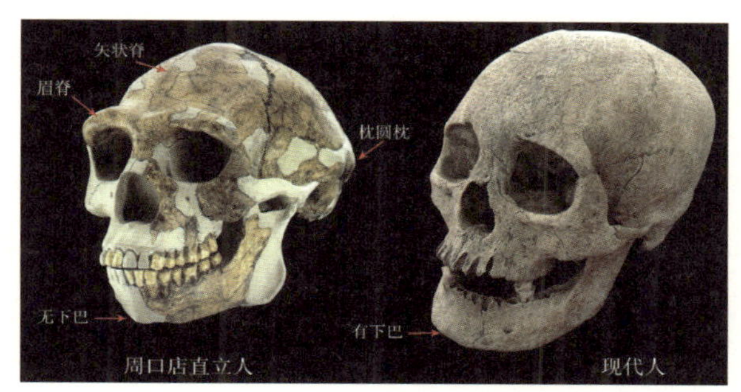

北京人复原头骨与现代人头骨比较图（来源：中国古动物馆）

北京人生活在距今约 50-20 万年前，与之共生的动物种类多样，数量庞大，被统称为周口店动物群[4]。我们难以猜测北京人是否会说某种语言、是否会在与鬣狗的搏斗中落败、是否会围绕火堆开“篝火晚会”。但可以确认的是：这些低额头、高眉脊的小个子是已知最早的“北京人”。

吴新智：
中国科学院院士，中国科学院古脊椎动物与古人类研究所研究员，世界知名古人类学家。

扫码听故事

知识窗 10 中国古人类的演化

唯一现存的北京人头骨化石（顶骨和枕骨）（来源：中国科学院古脊椎动物与古人类研究所）

中国目前已经报道的人类化石地点有近 80 处，时代贯穿整个更新世，一般划分为直立人、古老型（或早期）智人和现代型（或晚期）智人，代表人属的中期和晚期成员。我国也是世界上人类化石资源非常丰富的地区之一。

当前国际古人类学关注的热点是早期人类的演化和现代人的起源。我国比较重要的直立人化石有：在云南元谋发现的人类牙齿距今约 170 万年，代表中国最早的直立人；在陕西蓝田发现的 115 或 163 万年前的人类头骨，是我国北方最早的人类化石；知名度最高的是距今 50–20 万年前生活在周口店地区的北京直立人，目前有 15 件化石由中国和瑞典分别收藏；此外还有安徽和县人、湖北郧县人等。

尽管我国拥有大量的直立人化石，甚至还发现了 200 万年前的人工石制品，但是人类的诞生地并不在中国，而在非洲。目前只在非洲发现了从 700–200 万年前各个阶段的早期人类化石，因此人类起源于非洲没有争议。那么演化阶段处于人属智人种的我们，也就是现代人又是什么时候从哪里来的呢？

关于现代人起源的研究当前主要有两种假说——“同化说”（前身为“取代说”或“夏娃说”，或称“第二次走出非洲说”）和“多地区演化说”。前一种假说受到遗传学的支持，主张大多数现代人的祖先来自 20 万年前一位被称为“夏娃”的非洲女性，她的后代在大约 13 万年前走出非洲，向欧洲和亚洲扩散，吸收当地古人类的很少基因，成为各地现代人的祖先。2010 年发布的尼安德特人基因组草图显示他们与智人有过杂交，但该假说支持者仍认为来自非洲的现代人基因贡献最大。后一种假说主张生活在亚洲和欧洲的现代人与当地的早期人类有不同程度的连续演化关系，期间与外来人群有过不同程度的基因交流。证据来自对人类化石和石器文化的解读。关于现代人的起源和演化过程，目前学术界还缺少统一意见。

我国在早期现代人演化方面比较重要的标本有：2015 年 *Science* 杂志报道的距今约 12–8 万年的湖南道县人是东亚已知最早具有完全现代形态的人，而过去认为中国在距今 6 万年之前是没有现代类型的人；2008 年广西崇左发现的距今 11 万年前的人类下颌骨已经呈现出颏隆凸（下巴前方正中部向前的隆起）雏形，是从古老向现代形态过渡的状态，表明古老型智人向早期现代人过渡的过程不仅非洲经历过，中国也曾经历过；此外还有贵州大洞人、湖北郧西黄龙洞人等。

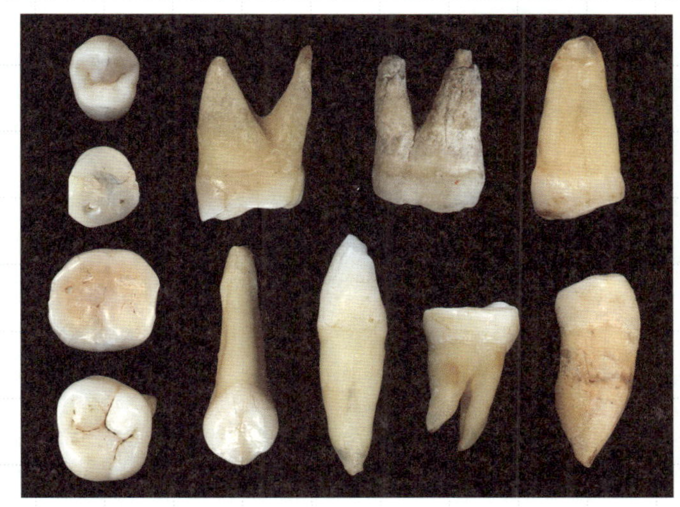

道县人牙齿化石（来源：吴秀杰）

崇左人下颌骨和牙齿化石（来源：金昌柱）

专家讲故事（27）

吴新智：
中国科学院院士，中国科学院古脊椎动物与古人类研究所研究员，世界知名古人类学家。

扫码听故事

手斧：古人类的重要工具

展品名称：手斧（石器模型）
展品学名：Handaxe
制作时代：更新世早期（距今约 180 万年前）
展品产地：坦桑尼亚奥杜威峡谷
展出位置：中国古动物馆一层“树华古人类馆”展区
——中国科学院古脊椎动物与古人类研究所——

手斧模型（来源：中国古动物馆）

远古人类的智慧的确不容小觑，在旧石器时代早期，他们发明了一种既有技术含量又颜值颇高的重器——手斧。手斧一般由较结实的石料（如燧石）两面加工而成（所以属于一种“两面器”），一端尖锐，另一端宽厚，呈泪滴状或椭圆形，是一种用来砍砸、挖掘或切割的重型工具。它是旧石器时代人类制作和使用的一种重要工具，具有特定的形态、技术、时代、地域和文化传统标识。

最早的手斧出现于非洲大陆距今约 176 万年前的旧石器时代早期遗址中，之后随着直立人“走出非洲”，这一技术跟随它的制造者传播到欧亚大陆，一直延续到距今约 20 万年前甚至更晚。**手斧也是人类历史上第一种标准化的工具**。早期的手斧制作较为粗糙，多是利用砾石或石块进行加工，修理仅限于原料的尖端和部分侧刃，底部保留自然面。到后期则制作精美，古人类通常对原料进行通体两面加工，采用软锤去薄技术，使得器身轻薄锐利、左右对称，形态上高度一致，富于美感。

在非洲和欧亚大陆西侧，手斧是旧石器时代早期的标志性器物，是远古人类技术与智能发展的一座里程碑；而在东方，这类器物却因数量稀少、时代存疑、形态不稳定、技术不规范而饱受争议。

洛南手斧（来源：王社江）

我国手斧发现较少，目前主要集中在南方的广西百色盆地和中部的陕西东南部至湖北西北地区。且绝大多数手斧都为地表采集，出自原生地层的很少。再加上南方的红土沉积酸性强，有机质难以保存，让年代学研究变得更加困难。目前认为百色手斧的时代较早，可能为中更新世或早更新世晚期。关于中国手斧起源于哪里，有人认为是从西方传入的；也有人提出我国手斧的出现主要还是本土石器在特定时段发展出来的，当然在其形成过程中也不排除来自西方技术的影响。

知识窗 11
石器技术的演变

打制石器（左，来源：中国科学院古脊椎动物与古人类研究所）与磨制石器（右，来源：维基百科 Wikipedia）

石器是个很广泛的概念，以石质为原料制作的工具都可以称为石器。它是人类发展早期阶段的重要工具，特别是在史前时代，石器具有其他工具（骨器、木器等）不可替代的功能。具体来讲，石器又根据制作方法不同而分为打制石器和磨制石器，前者多见于旧石器时代，后者则多见于新石器时代。

旧、新石器时代的划分，通常以 1 万年左右为界，距今 250–1 万年前为旧石器时代，这个时期的古人大多过着茹毛饮血、居无定所的生活。新石器时代从距今 1 万年前开始，结束时间从距今 5000–2000 年前不等，有的地方甚至更晚，这一时期先民主要使用磨制工具，出现了陶器、聚落、农业和家畜饲养等。即使进入青铜时代，石器仍然在人们的日常生活中占有一定的分量，有不少地方也称这一时期为铜石并用时代。

石器的生产是通过选择原料、剥片、加工等一系列的工艺流程来完成的。其中选料很重要，最常见的石料是来自河滩地的砾石。当然并不是所有的石头都可以用来打制石器，只有选择具有一定硬度，质地均匀，易于破裂且断口呈贝壳状的岩石才适合。剥片通常也叫打片，

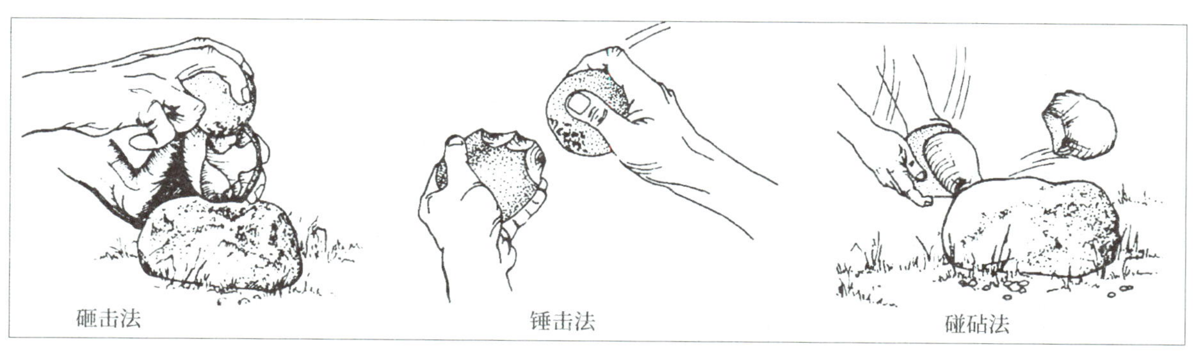

直接打击技术（来源：《化石》2011 年第 4 期第 21 页）

最原始、最直接的剥片方法叫直接打击法，也就是用石头敲打石头，从而获得进一步加工的坯材。加工是石器生产流程中的一个重要环节，也叫修理，根据坯材的形状对其进行第二步加工从而获得需要的工具。

1.间接打击法

胸压法

肩压法

腹压法

2.压制法

间接打击法和压制法（来源：《中国旧石器时代考古》第 62 页）

在我国旧石器时代早、中期，石器制作技术是简单粗犷的直接打击法；石器组合也比较单一，多见刮削器、尖状器和砍砸器；器形粗糙不规整。到了旧石器时代晚期，出现了间接打击法、压制法等新的加工方式，比如用木棒（或骨棒、角）的尖端顶住石料，另一端用石块敲击，这样能加工出形制规整和外表美观的石器；用优质原料制作的石器比例增大；该时期石器的组合呈多样化，出现了制作精美的细石器和复合工具（就是把石器捆绑或镶嵌在木头、骨头上来使用）。

综上所述，古人类制作石器的活动是一个完整的生产流程，这一活动是其个体生命史与其所处社会阶段重要而基本的内容。透过大量的石器，我们能更好地了解石器时代的狩猎者与采集者的体质演化、行为变迁和技术演变的历程。

高星：
中国科学院古脊椎动物与古人类研究所研究员，古人类与旧石器考古研究室主任，旧石器考古学家。

扫码听故事

裴文中

中国旧石器时代考古学的奠基人

裴文中院士（来源：中国科学院古脊椎动物与古人类研究所）

裴文中（1904–1982），著名的史前考古学家、古生物学家，河北省丰南县人。我国旧石器时代考古学及第四纪哺乳动物学的奠基人。

1927 年，裴文中毕业于北京大学地质系。1928 年春开始参与周口店遗址的发掘工作，从此与旧石器时代考古学和第四纪哺乳动物学结下了不解之缘。1929 年 12 月 2 日，周口店第一次发现古人类头盖骨化石，震惊世界。而它的发现者——裴文中也从此名扬中外。在周口店发掘期间，裴文中还从地层堆积中辨认出了用火遗迹和石制品，记述了遗址中大量的哺乳动物新属种，开展了埋藏学分析，极大地丰富了周口店遗址的科学内涵。

1929 年裴文中怀抱北京人头骨化石（来源：中国科学院古脊椎动物与古人类研究所）

1935 年裴文中赴法国巴黎大学攻读博士，师从考古学权威步日耶（Henri Breuil），专注于石器制作试验和人工与非人工标本的对比观察，1937 年获得博士学位。回国后裴文中以周口店等遗址为依据，开始构架我国旧石器时代文化体系框架，并进一步提出我国旧石器时代早中晚三期发展序列，其研究上具有划时代的意义。他根据对周口店和华南发现的哺乳动物化石材料进行的研究，为中国第四纪哺乳动物学及生物地层学发展奠定了坚实的基础、构筑了基本框架。

裴文中曾开展北京山顶洞、山西丁村、广西柳城巨猿洞、宁夏水洞沟等遗址的发掘工作。1947–1948 年间他在我国甘肃、青海组织史前考古调查，发现了大量新石器时代遗址，并命名了“齐家文化”和“沙井文化”。1955 年裴文中与杨锺健等一起，入选首批中国科学院学部委员（1993 年学部委员改称院士）。

除了科研上的突出贡献外，裴文中在文学创作方面也有佳作。早年来京求学期间曾写过小说《戎马声中》，反映军阀混战下乡村生活的艰辛，并得到鲁迅的称赞。他的散文、杂文等也无不体现了有志青年在国破家亡时的忧国忧民之情和振兴民族的满腔热血。

裴文中还是中国博物馆事业的开拓者之一。1940 年，他曾为燕京大学筹建“史前陈列馆”，为我国历史类博物馆首创。新中国成立后，裴文中曾任国家文物局博物馆处处长等职务。1979 年被任命为北京自然博物馆馆长。

为纪念裴文中发现北京人第一个头盖骨，2011 年马里还发行了裴文中纪念邮票，这也是我国古脊椎动物与旧石器时代考古学前辈中唯一上过邮票的学者。“高山仰止、景行行止”，中国古动物馆曾以此为题举办裴文中先生事迹展，这句话也显示了后辈学者对裴文中先生无尽的景仰之情。

裴文中与北京人头盖骨纪念邮票

北京人复原头像（来源：中国古动物馆）

石球：古人类捕猎的有力武器

展品名称：石球（石器）
展品学名：Spheroid
制作时代：更新世晚期（距今约 12.5-10.4 万年前）
展品产地：山西省阳高县
展出位置：中国古动物馆一层“树华古人类馆”展区
——中国科学院古脊椎动物与古人类研究所——

石球（来源：中国古动物馆）

古人类狩猎用什么装备？估计木制品用得最多，但它们容易损坏，且威力较小。聪明的远古人类发明了一种叫“石球”的武器。

石球，顾名思义就是通体呈球形或近似球形的石球，器身一面或多面布有因打制或使用过程中造成的密集且不规则排列的小石片疤。该类器物最早出现在非洲旧石器时代早期的奥杜威文化。在我国旧石器时代遗址中也较为常见，从早期到晚期均有发现，其中尤以距今约 12.5–10.4 万年前的许家窑遗址最多。

许家窑遗址发现于 1973 年，随后进行过多次发掘，历次发掘获得的石球数量有上千件。这些石球直径多在 5–12 厘米之间，重量集中在 50–2500 克之间。学者通过对标本的观察及模拟打制试验复原了石球的制作工艺和流程。首先是备料，古人类挑选一些容易加工成球形的河卵石或石块作为坯材；然后，用石锤把坯材打制成有棱脊的准球体；最后，用两个准球体进行对敲或是把一个准球体在石砧上进行敲击去掉准球体上的棱脊，形成一个较为浑圆的石球。

许家窑石球（来源：中国古动物馆）

许家窑遗址中如此多的石球不仅在我国，在世界其他旧石器时代遗址中也是罕见的。那么许家窑人制作这么多石球用来干什么呢？结合遗址中出土的大量哺乳动物化石和民族学材料来看，**石球既可以作为狩猎和防身的武器，也可以用来砸击骨骼（或坚果）和打制石器**。推测古人类在狩猎时，用藤条或其他柔韧的植物制成绳索，把石球捆绑在绳索的两端；然后把石球抡起来数圈，再朝猎物抛出。石球绳索或锤击猎物，或缠住猎物的腿，都可以提高狩猎的效率。

在许家窑遗址中仅马牙就发现有上千枚，至少代表了 213 匹马，它们很有可能就是许家窑人主要的狩猎对象。基于这个推测，许家窑人也常常被称为“猎马人”。想象一下这样的场景：黄河岸边，一群许家窑人吹着口哨，轰赶着马群；几个人趁着混乱抛出石球绳索，一匹马的腿被绳索缠绕跌倒下来，成为不幸的猎物。当晚，古人们快乐地围坐在篝火旁，载歌载舞开始了他们的马肉大餐……

三门马头骨

小孤山人的项链：古人也爱美

展品名称：古人类装饰品（模型）
展品学名：Personal ornament
制作时代：更新世晚期（距今约 6-2 万年前）
展品产地：辽宁省海城市
展出位置：中国古动物馆一层“树华古人类馆”展区
——中国科学院古脊椎动物与古人类研究所——

古人类装饰品（来源：中国古动物馆）

爱美之心，人皆有之。**装饰品被认为是人类行为、思维能力和认知水平发展的重要标志之一**，它的出现很有可能是伴随着本能美感和原始巫术而产生。旧石器时代晚期世界各地均有装饰品发现，材料有动物牙齿、骨骼、介壳和砾石等。它们均有一个十分显著的特点，就是光滑、规则、小巧、美观。这些特点可以提高或改变佩戴者的形象，使佩戴者达到自我炫示、吸引异性等的目的，而这也是人类“爱美”本能的表现形式。

生活在距今 6–2 万年前辽宁小孤山的古人类就曾对兽牙进行打磨、挖钻形成穿孔，以便佩戴。在该遗址中装饰品数量虽然不多，但制作精美，除穿孔兽牙外，还发现有 1 件骨质装饰小圆盘。此外在宁夏水洞沟遗址、山西吉县柿子滩遗址、河北阳原于家沟遗址等均有装饰品出土。但是相比非洲、欧洲和近东地区，我国发现装饰品的旧石器时代遗址时代偏晚，数量偏少。例如早在距今约 10 万年前的以色列 Qafzeh 洞穴和摩洛哥 Contrebandiers 遗址中就有穿孔贝壳发现。

提到装饰品就不得不提距今 3 万多年前的北京周口店山顶洞遗址，这里发现了 125 件穿孔兽牙、7 件穿孔石珠、4 件穿孔贝壳、4 件骨坠、1 件穿孔鱼骨和 1 件穿孔砾石，装饰品数量之多，类型之丰富，在我国无出其右者。该遗址还出土有磨制精美的骨针。磨制工具的出现是生产技术进步的表现，而磨制骨针是古人类会缝制兽皮衣服的关键证据。在山顶洞遗址的下室还发现了大量人类化石，而人骨周围的黏土中含有许多红色的赤铁矿细粒，头骨附近发现有大量穿孔兽牙和贝壳等。在同时代的欧洲和我国新石器时代墓葬中均有对遗骸撒赤铁矿粉的习惯，也许古人类希望

山顶洞装饰品（来源：中国古动物馆）

山顶洞骨针（来源：中国古动物馆）

用红色的矿粉让死去的人在来生“满血复活”，这可被视为一种原始的宗教仪式。山顶洞遗址的下室也因此被认为是一处公共墓地。

就目前所知，埋葬死者的习俗始于旧石器时代中期后段（距今约 5 万年前），到了旧石器时代晚期渐渐盛行。1933 年山顶洞人墓室的发现在中国旧石器考古学研究中具有重要的意义，是了解早期人类抽象思维发展、社会组织和文化习俗等方面的重要资料。

知识窗 12
大灭绝 5+1？

大规模火山爆发引发生物大灭绝（来源：维基百科 Wikipedia）

所谓大灭绝是指地球生物多样性的大范围且快速的衰减现象。目前学术界公认的大灭绝事件有五次。第一次发生在距今 4.45–4.43 亿年前的奥陶纪晚期。灭绝分为两幕，49%–60% 的海洋动物属和将近 85% 的海洋动物种被一扫而光。腕足动物、双壳动物、棘皮动物、苔藓虫和珊瑚受到重创。此次大灭绝与大冰期有关，海平面的迅速下降造成了全球浅海缺氧，摧毁了生机勃勃的奥陶纪热带海洋世界；而冰期过后海平面上升，又造成了第二幕灭绝。三叶虫和硬骨鱼等成为此次灭绝事件的幸存者。清晰记录了此次事件的"金钉子"[5]剖面就位于中国（见本章注释）。

第二次大灭绝可谓扑朔迷离，发生在距今 3.75–3.6 亿年前的泥盆纪晚期。多次灭绝相继发生，使全球海洋中 50% 的属和 75% 的种遭到灭绝。受影响最大的是浅海暖水生物，如层孔虫、珊瑚等，而腕足动物、三叶虫、菊石和牙形虫等也深受其害。脊椎动物中全部的盾皮鱼以及大部分的肉鳍鱼类都消失了，无颌类家族则从此一蹶不振。灭绝的原因至今不清，但缺氧是个显然的（次生）因素。

距今 2.54–2.52 亿年前的二叠纪末的"大消亡"

事件是最大、最惨烈的一次灭绝，它使全球 96% 的海洋物种和 75% 的陆地物种消失，连适应力极高的昆虫都不能幸免（83% 的属灭绝）。研究二叠纪生物大灭绝的最佳地点同样在中国。灭绝也是分为两幕，第二幕发生在 2.52 亿年前，且只持续了 20 万年，这是一个类似于“瞬间”的大灭绝事件！三叶虫未能熬过此次劫难，同样遭遇灭顶之灾的还有板足鲎和脊椎动物中的棘鱼。93% 的鱼类不见了，两栖类和爬行类家族发生了三分之二的减员。那些二叠纪的兽族——下孔类的日子也不好过，所幸其中的兽孔类支系（比如粗壮的水龙兽）度过了艰难时期进入到了中生代。四川峨眉山和西伯利亚的超级火山喷发被认为应该对此次大灭绝事件负责。

第四次大灭绝尚存争议，发生在距今 2.01 亿年前的三叠纪末期，它造成了 48% 的属和 70%–75% 的种的灭绝。历经磨难的牙形虫——它们留下了非常适合做全球地层对比的微体化石——不幸彻底退出历史舞台。而众多的陆生主龙类、绝大多数的兽孔类以及大多数的大型两栖类都消失了，但这也为此后恐龙帝国的来临(此时恐龙已经存在，但还没成为优势类群）腾出了足够的空间。灭绝事件的原因至今不清，泛大陆的解体和大西洋的开裂带来的温室效应可能是一个原因。

第五次大灭绝是距离现在最近的一次，即距今 6600 万年前的白垩纪末大灭绝。虽然恐龙家族不幸被波及，但它们竟然第二次挺过了大灭绝。这次灭绝并不如我们想象中的严重，尽管它也造成了地球 50% 的属和 75% 的种销声匿迹，包括所有的菊石、蛇颈龙、沧龙以及非鸟恐龙。关于此次灭绝的“小行星撞击”假说，第 143 页有详细介绍。

有学者认为，我们现在正处于第六次大灭绝之中，此次灭绝的速率是正常背景灭绝率的 100–1000 倍。很多大型陆生动物的灭绝被认为与人类的活动相关。当人类涉足孤立的岛屿时，这个效应更为明显，如新西兰的恐鸟、澳大利亚的袋狼、毛里求斯的渡渡鸟和马达加斯加的象鸟等的消失。也有学者指出，过去发生的五大灭绝都是自然环境剧变造成的，人类虽然因为捕猎和破坏栖息地等造成了很多物种的消亡，但其规模与前者仍无法相比。因此对于是否存在“第六次大灭绝”，目前学术界还有争议。然而对于人类应该怎样自律，无论学者公众，大家都是一致的：我们只有一个地球，保护地球生物多样性是人类的责任，也是人类文明延续的需要。

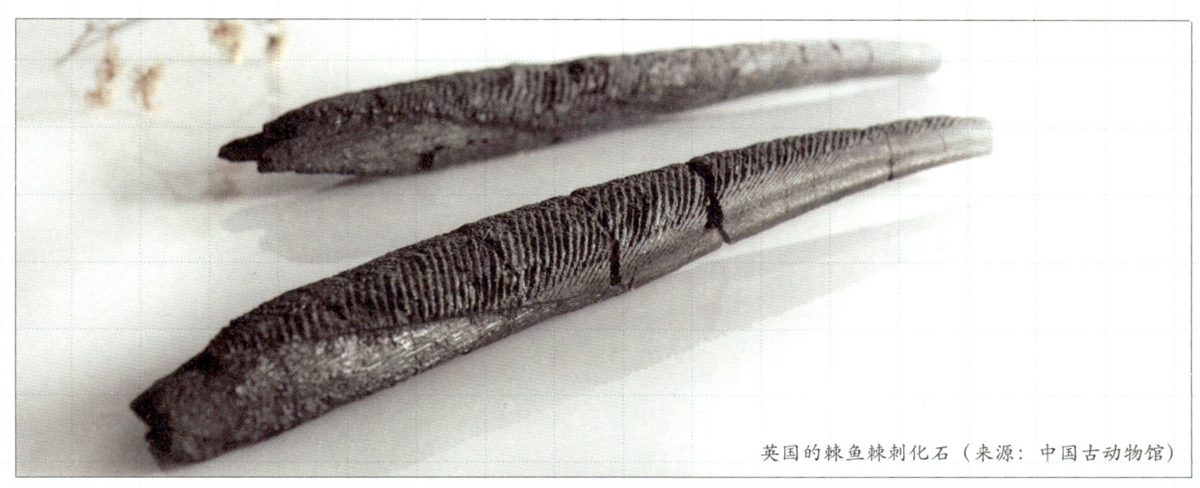
英国的棘鱼棘刺化石（来源：中国古动物馆）

本章注释

1　灵长类是人类所属的类群，因为人类自认为是“万灵之长”而得名。灵长类动物拥有相对增大的脑、缩短的吻部、向前汇聚的双眼和具有抓握能力的手和脚等典型特征。另外，大多数灵长类的手指和脚趾上具有扁平的指甲。现生灵长类包括狐猴、眼镜猴和类人猿三大类群。

2　龙骨是古哺乳动物如象、犀牛、三趾马等的骨骼化石。传统中医药学认为龙骨具有“安神镇惊”的疗效。我国的一些重要化石线索就发现于药铺采集的龙骨药材中（如巨猿）。

3　人科即大猿家族，与长臂猿科及原康修尔猿等已灭绝的属种构成人猿超科。人科包括肯尼亚猿等已灭绝属种，以及猩猩亚科（巨猿、禄丰古猿、猩猩等）和人亚科，而人亚科又可划分为大猩猩族（大猩猩）和人族（各种古人类和黑猩猩）。古人类中包括多个属（如撒海尔人属、地猿属、南方古猿属、人属等），我们现代人类属于人属中的智人种。我们常说的“人类起源”一般指的是人族中的古人类支系的起源，或者是人属中的智人种的起源。也有人认为现代人应属于晚期智人，从而认为现代人的起源在亚种的层级以及更晚的时间。

4　周口店动物群的肿骨鹿、中国硕鬣狗、葛氏斑鹿等都是我国华北更新世中期特有的类型。根据动物生活习性特点来看，当时的周口店地区应该是森林与草原交界的山地丘陵景观，山上有茂密的森林，平原上河湖星罗棋布，远处还有较为干旱的草原甚至是沙地；呈现出偏暖的半湿润气候与偏冷的半干旱气候的交替。

5　“金钉子”是“全球界限层型剖面和界线点”（英文简称 GSSP）的俗称。它由国际地层委员会在全球范围选取出最能代表某一个地质时期中形成的地层（按规定用“阶”）的底界，然后作为全球标准推广，用于全球地层对比。这体现了其“金”字号的权威。“金钉子”的确定经常依据地层中保存的古生物化石。由于地球的地质年代的划分有限，所以金钉子的总数是有限的，这也体现出其“金”字号的珍稀。

截止到 2017 年，全球已经确定了 67 颗“金钉子”，还剩 35 颗尚未界定。我国已拥有 10 颗“金钉子”，是目前世界上“金钉子”数最多的国家；其中寒武纪地层中有 3 个：古丈阶（湖南古丈县）、排碧阶（湖南花垣县）、江山阶（浙江江山市）；奥陶纪地层中 3 个：大坪阶（湖北宜昌市）、达瑞威尔阶（浙江常山县）、赫南特阶（湖北宜昌市）；石炭纪地层中 1 个：维宪阶（广西柳州市）；二叠纪地层中 2 个：吴家坪阶（广西来宾县）、长兴阶（浙江长兴县）；三叠纪地层中 1 个：印度阶（浙江长兴县）。这些“金钉子”的确立是我国地质古生物学者世界级工作成果的见证。

就在本书再版前夕，2018 年 6 月，又一颗“金钉子”落户中国：标定寒武纪地层中的乌溜阶底界（贵州剑河县），成为中国第 11 颗“金钉子”。

第七章：看恐龙，到中国古动物馆

我们是谁

中国古动物馆外观（来源：中国古动物馆）

中国古动物馆（Paleozoological Museum of China，简称 PMC）是中国科学院古脊椎动物与古人类研究所（英文简称 IVPP）创建的，中国第一家以古生物化石为载体，系统普及古生物学、古生态学、古人类学及演化论知识的国家级自然科学类专题博物馆。它同时也是全国青少年科技教育基地、中国古生物学会科普教育基地和中央国家机关思想教育基地。它的前身可以追溯到 1922 年农矿部地质调查所的古生物陈列室，之后随研究所在地安门二道桥、德胜门外祁家豁子等地辗转，最后于 1994 年 10 月 18 日建馆于北京西直门外大街 142 号。1995 年 12 月，中国古动物馆正式对公众开放。

按照生物的演化序列，中国古动物馆分为两馆（古脊椎动物馆和树华古人类馆）、四个展厅（古鱼形动物和古两栖动物展厅、古爬行动物和古鸟类展厅、古哺乳动物展厅、古人类与旧石器展厅），并包括东厅、科学课堂等特展厅以及达尔文实验站、礼品部、3D 影厅等互动服务区域。依托研究所近百年收藏的 20 余万件标本，展出了从中精选的有代表性的藏品近千件。展品之精美、种类之齐全，堪称亚洲第一、中国之最。这里陈列着自 5 亿多年前的寒武纪至距今 1 万年前的地层中产出的史前各门类古生物化石和旧石器标本及模型，包括无颌类和有颌类鱼形动物、两栖动物、爬行动物、鸟类、哺乳动物和古人类化石及石器工具等，全面展现了史前动物和古人类的自然遗存及其生命演化的宏伟历程。

中国古动物馆展出的珍贵展品中包括来自非洲的特殊礼物“活化石”拉蒂迈鱼、世界脖子最长的恐龙马门溪龙、被称为“中国第一龙”的许氏禄丰龙、被编入我国小学课本的古动物黄河象的骨架以及神秘的“北京猿人”头盖骨丢失前复制的高仿真模型等。通过我们丰富的展品和故事以及集科学性、互动性和娱乐性为一体的多媒体设备，观众可以在游乐的同时全面、系统地了解史前生命演化的知识。

中国古动物馆 1998 年创办的“小达尔文俱乐部”，定期组织专家科普讲座、野外考察、化石发掘、筛选和修复以及模型制作等科普活动，是中小学古生物爱好者的课外学堂。

荣誉墙（来源：中国古动物馆）

绿色和青色

中國古動物館　啓功題

启功先生题字（来源：中国古动物馆）

中国古动物馆的馆徽以绿色为主基调，选取了许氏禄丰龙和北京人头像分别作为古脊椎动物和古人类的代表，同时采用禄丰龙生活时期的侏罗纪的地球海陆面貌作为背景。馆徽中使用的三种绿色代表着地球生命的勃勃生机。馆徽下方的馆名为中国著名书法家启功先生题字。整个馆徽设计体现了博物馆的展陈特色以及科学和文化内涵。

1995 年开馆之前，中国古动物馆通过研究所的时任工会主席暨当代书法家崔承顺先生，邀请著名书法家启功先生题写馆名。启功先生欣然应允。令人感动的是，83 岁高龄的老先生还特意写了竖版和横版两种形式，说是为了方便博物馆在不同场合的使用。他的书法渊雅而具古韵，隽永而兼洒脱，为博物馆增色许多。

中国古动物馆的建筑从外观看，是一座三层的青色古堡。它的建筑面积为 3000 平方米，可展示面积为 2000 平方米，位于北京动物园的对面和北京天文馆的西侧。该建筑由我国第一个专业建筑师事务所——北京建筑设计事务所于 1989 年 7 月完成设计，设计师为赵磊先生，而项目负责人是时任所长的王天锡先生。

中国古动物馆主体竣工于 1994 年 3 月 20 日。三层展厅背靠并部分切入研究所大楼，以粗犷拙朴的巨大立方体为设计要素，自下而上层层堆叠并依次向内，恰如一堆历经洪荒的叠嶂巨石。这样的设计隐喻着地球生物逐步演化的过程。而三层探出的天窗和背后的弧形的玻璃墙边界线分别寓意着恐龙的巨大头部和身躯。

中国古动物馆馆徽（来源：中国古动物馆）

博物馆外墙的每一层都有数个动物造型的“螭首”，既是装饰也是用来辅助雨天排水的通道。这些动物的选取正好与馆内设计相融合，从一层到三层分别是鱼首、龙首和兽首，是按照脊椎动物演化的顺序来选取的，与内部的展区相呼应。每逢大雨，雨水从排水孔喷薄而出，呈现出独特的景观。

绿色和青色，体现中国古动物馆的沉静、朴实和优雅，成为西直门外大街上的一处亮丽的风景线。

排水孔造型（来源：中国古动物馆）

中国恐龙五宝

禄丰龙·禄禄

单脊龙·疆疆

马门溪龙·溪溪

小盗龙·辽辽

青岛龙·青青

（来源：中国古动物馆）

很多朋友并不知道，中国是全世界发现恐龙种类最多的国家。没错，不是历经过“骨头战争”的美国，也不是最早发现和命名恐龙的英国，更不是恐龙种类贫瘠的日本，而是中国！根据中国古动物馆的最新统计，截止到 2017 年 10 月，中国共发现 230 属 267 种恐龙，居世界首位。而且经过几代科技工作者的不懈努力，中国不但是恐龙化石的发现大国，而且已经成为世界上的恐龙研究强国。大家的确应该引以为自豪！

2011–2012 年，中国古动物馆通过网上投票，选出了中国境内发现的 5 种有代表性的恐龙作为博物馆的恐龙吉祥物原型。这 5 种恐龙分别来自中国恐龙的几个主要产区，也代表了不同的恐龙种类和不同的生存时代。它们分别是生活在云南侏罗纪早期的禄丰龙（早期原始的蜥脚型类）、新疆侏罗纪中期的单脊龙（生活在地面的兽脚类）、四川侏罗纪晚期的马门溪龙（进步的蜥脚型类）、辽宁白垩纪早期的小盗龙（会飞的兽脚类）以及山东白垩纪晚期的青岛龙（鸟脚类）。

博物馆还据此设计了 5 个可爱的卡通形象，并给它们取了英文名，以便向全世界推广。它们造型简洁、个性分明，深受小朋友们的喜爱。禄丰龙禄禄（Lulu）是个安静的女孩，聪明骄傲，平时喜欢沉浸在自己的五彩世界中，讲究艺术性，追求完美；单脊龙疆疆（River）鲁莽憨厚，体型彪悍，喜好打抱不平；马门溪龙溪溪（Sisi）是个漂亮的大美女，温柔可爱，安静睿智，喜欢冥想，思考一些智慧的东西；小盗龙辽辽（Liao）是个会飞的小精灵，灵活好动，乐于助人，喜欢飞翔但技术欠佳；青岛龙青青（Tsing）是个大帅哥，直爽奔放，蹦蹦跳跳，善良幽默爱搞笑。

“看恐龙，到中国古动物馆！”——这是博物馆的一句宣传词，不仅仅是因为中国古动物馆展出了中国最多的恐龙种类，而且因为这里展示了中外古生物学家对中国恐龙研究的诸多最新成果。来到中国古动物馆，一定不要忘记在馆里找找这五只恐龙以及它们的至亲好友们！

走进标本馆

中国科学院古脊椎动物与古人类研究所标本馆（Specimen Collection Museum of IVPP）是研究所标本的专门管理机构，负责全所标本的收藏、保护、征集和数字化建设。它既是为科研工作服务的机构，也是中国古动物馆科普工作的坚强后盾。

标本馆正式创建于1956年，初名标本室，1983年更名为标本馆。然而其前身可追溯至1922年农矿部地质调查所地质矿产陈列馆增设的古生物化石展室。有着悠久历史传承和深厚历史底蕴的标本馆不仅仅是研究所创业发展历程的亲历者，更是中国古脊椎动物学与古人类学从无到有、从筚路蓝缕到欣欣向荣的见证者。

脊椎动物化石库房（来源：中国科学院古脊椎动物与古人类研究所）

历经近百年的发展，目前标本馆有来自全国和世界各地的藏品23万件（截止至2017年底），涵盖化石（脊椎动物和人）、旧石器时代文化遗物、现生骨骼（脊椎动物和人）等。其中尤以中国脊椎动物化石模式标本、中国古人类化石和现生动物骨骼标本的收藏为特色，在国内外享有盛誉。

众多藏品中，有许多都具有重要的历史意义和科学价值。例如为揭示早期脊椎动物颌的演化提供关键证据的长吻麒麟鱼；与四足动物起源有密切关系的“活化石”拉蒂迈鱼；代表鱼石螈类化石在亚洲首次发现的潘氏中国螈；揭示龟类起源的半甲齿龟；被誉为“中国第一龙”的许氏禄丰龙；支持鸟类“树栖起源说”的顾氏小盗龙；代表鸟类早期演化的古老祖先类型的原始热河鸟；目前已知最早会飞的哺乳动物远古翔兽；填补哺乳动物中耳演化重要环节的胡氏辽尖齿兽；目前已知最古老、化石保存最完整的灵长类阿喀琉斯基猴；世界最原始的披毛犀西藏披毛犀；“北京人”现存唯一的头盖骨；东亚已知最早的具有完全现代形态的古人类“道县人”；我国最早有确切地层记录的旧石器等。相关标本的研究文章多次发表在*Nature*、*Science*和*PNAS*等国际顶级学术刊物上，引起全世界的瞩目和高度称赞。

现生标本库房（来源：中国科学院古脊椎动物与古人类研究所）

标本馆非常重视与国内外相关机构之间开展业务交流与合作，通过多种途径填补收藏空白，拓展收藏门类。同时，标本馆也积极参与科普活动，借助中国古动物馆的平台，更好地向公众传播科学理念，普及生物演化知识，激发公众追根溯源的探索精神。

“藏生物起源演化奥秘，探自然发展演变真谛”，尽在中国科学院古脊椎动物与古人类研究所标本馆。

小达尔文俱乐部

中国古动物馆于 1998 年 6 月创办了“小达尔文俱乐部”，这个以英国博物学家达尔文命名的课外俱乐部迄今已成立将近 20 年。当初创办的目的，就是让中小学生有一个亲身体验、近距离接触远古化石和学习地质古生物学知识的平台。我们希望这个平台能让学生们摆脱枯燥的书本知识，提高实践和动手能力，从小培养对化石和生物演化研究的兴趣，并及时了解我国乃至国际最新地质古生物学成果。我们希望小达尔文俱乐部能够成为培养未来的中国科学家的摇篮。

小达尔文俱乐部每年都会组织很多地质古生物学野外实地考察、在室内进行化石修复和标本筛选、模型制作与装架模拟、古生物雕塑和绘画培训、古生物知识竞赛、与科学家面对面等各种有意义的活动，使学生通过有趣的亲身实践，启发科学思想，了解科学过程，掌握科学方法。

北京灰峪化石挖掘

小小研究员培训——制作海报

小小讲解员培训

2014 年 7 月中国古动物馆创建了达尔文实验站（Darwin Laboratory），这是一个以生命演化为主题的青少年实验室。其徽标是一只达尔文美洲鸵——这种小型、稀有的鸵鸟是达尔文随“小猎犬号”进行环球科考航行时，于 1833 年在南美洲阿根廷发现的。实验站向公众介绍达尔文的生平和贡献，同时还提供各类化石修复工具，使青少年通过对三叶虫、菊石等标本的观察和化石修复活动，了解古生物研究的实际过程。同时实验站还在国内外开展“化石探险”等科普教育活动。

为丰富公众的古生物学知识，中国古动物馆于 2015 年 5 月创办了“达尔文大讲堂”，目前已经组织了 12 期，为公众介绍古生物学研究中艰辛和有趣的经历，并为广大古生物爱好者提供与国内外古生物学家、古生物复原艺术家交流的机会。

达尔文大讲堂讲座

当夜幕降临，中国古动物馆会不定期开启“博物馆奇妙夜”的神秘之旅。这一夜，孩子们将在恐龙身旁支起帐篷，与神奇的史前生物们做邻居！

拼装建设气龙

制作石膏模型

导览图和其他

3D 放映厅

中国古动物馆的3D放映厅正在放映两部立体影片：《白垩纪公园》和《会飞的恐龙》。曾经播放的还有《三叠纪的海怪》《重返二叠纪》和《剑齿王朝》等。这些影片都是根据中国古生物学的最新研究成果创作的，集科学性、前沿性和娱乐性于一身，深受观众们的喜爱。

《白垩纪公园》以1亿多年前的热河生物群为主题，展现了恐龙、古鸟和早期哺乳动物的繁盛和灭绝。让观众跟随电影穿越时空隧道，亲身体验辽宁西部火山爆发时一切灰飞烟灭的震撼景象。《会飞的恐龙》中的小主人公意外穿越回了遥远的中生代，一场从侏罗纪到白垩纪的惊险奇幻之旅由此展开！坠落原始丛林，遭遇悟空翼龙纠缠，跌落深渊瀑布，深陷火山危机……变身带羽毛恐龙的小男一号历尽千辛万苦，终于拨云见日，飞上蓝天。

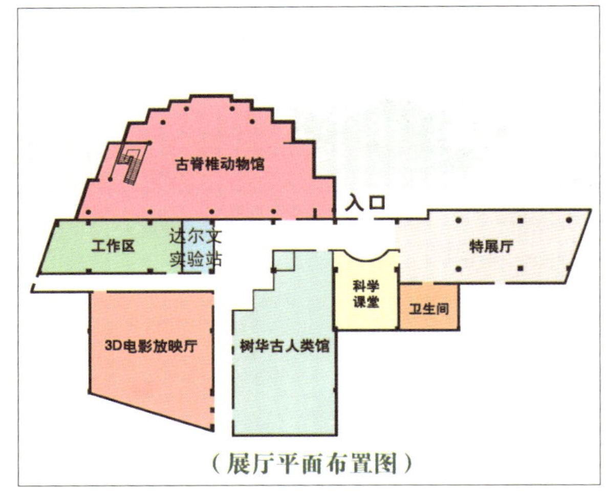

博物馆平面导览图

参观信息：

开馆时间：9:00–16:30（16:00停止入场）；周一闭馆。

地　址：北京市西城区西直门外大街142号（北京动物园向西300米路南；北京天文馆西50米）。

公共交通：地铁4号线在北京动物园站下车D出口向西200米；公交车在北京动物园或白石桥站下车。

博物馆位置图

最新资讯，请关注中国古动物馆官方网站：http://www.paleozoo.cn 和微信公众号“中国古动物馆”（微信内扫描下方二维码进入）

后记

这是本我一直想写的书。自 2004 年起担任中国古动物馆馆长，对博物馆的感情与日俱增，与地质古生物学科普也结下了不解之缘。我感觉对热情求知的观众和奋发努力的同仁最好的回报，就是写一本详细介绍中国古动物馆的图书。虽然手机的碎片化阅读已经成为一个社会趋势，但我总觉得捧着一本带着墨香的图书静静阅读的感觉更好。

2008 年我开始整理相关资料，但因其他工作羁绊，进度比想象的慢了很多。另外中国古动物馆的开馆展陈主要是为研究人员观察标本方便所规划，面对公众日益高涨的参观需求，也存在更新展出内容和改善展览形式的首要工作。2013–2014 年，博物馆分两期完成了古脊椎动物馆的全面改造，期间获得我所诸多专家同仁的鼎力支持，特别是苗德岁先生的英文把关，使我们的博物馆不但成为中国观众追捧的对象，也深受外国朋友喜爱。在此我对他们深表感谢！博物馆改造过程中，我深入地参与了展陈的构架设计和内容撰写，出一本全面的导览书的时机似乎更加成熟。但计划总是赶不上变化，这本计划中的中国古动物馆导览书，在科学普及出版社杨虚杰副总编的精心策划下，转变为着眼更宽、读者群更广的 550 页的中英文对照版图书《征程：从鱼到人的生命之旅》（Corwin Sullivan、王原、Brian Choo 著，2015），而她显然有更敏锐的眼光——该书获得读者和业内人士的好评以及诸多重量级图书奖励，并于 2017 年出版了更新内容的中文典藏版。在此期间，我参与编写的第六版《十万个为什么》（古生物）（2013）、主编的《中国古脊椎动物志》（两栖类）（2015）和审校的《化石：洪荒时代的印记》（2017）也相继问世（见后文“参考文献”），给了自己一些没更早完成本书的理由。

2015 年 12 月，在中国科学院和科学普及出版社的合作与推动下，中国古动物馆在研究所主管所领导苗建明书记带领下开始参与《走进中国科学院博物馆》丛书项目。对我来说，正好也是完成自己一个久藏的心愿。在此感谢研究所各级领导对本项目的支持，并感谢苗德岁先生为本书欣然作序、增添光彩；我还要感谢葛旭、邢路达、谢丹和马宁四位有活力的年轻同仁愿意加入进来，奉献他们的才智与时间，与我共同编著此书；特别感谢吴新智、李传夔、李锦玲、周忠和、邓涛、高星、刘武、赵凌霞、刘金毅、刘俊、卢静等专家同仁帮助审核展品文字相关内容；感谢金海月审核附录二，张绍光协助拍摄部分展品以及李荣山、赵闯、许勇、Mark Klingler 等中外艺术家的绘图作品为本书增色；感谢本书的策划编辑杨虚杰、美术编辑林海波和责任编辑赵慧娟、胡怡一如既往的优秀编辑工作；另外我要感谢所有为中国古动物馆的建设和发展给予直接或间接支持的科研和科普同仁，尤其是本书编委会的全体成员，他们的学术积累和关心支持是我们创作的重要基石。最后我想感谢我的博士导师张弥曼先生，感谢她引领我走进古生物学科研和科普的殿堂。

脊椎动物“从鱼到人”历经了 5 亿多年的生命演化，在世界各地留下了很多精美的化石。中国古动物馆只是展示了其中极小的一部分，主要是来自中国的证据。在本书中，我们精选了中国古动物馆有代表性的 60 件展品，希望能借由它们讲好脊椎动物演化的“中国故事”。本书为每件展品都提供了一个 “展品名片”，包含展品名称、物种（展品）学名、生活（制作）时代、化石（展品）产地、展出位置等信息。而展品的介绍顺序按照分类和演化（出现）时间先后的顺序：鱼类、两栖类、爬行类、鸟类（根据传统划分，将鸟类提前到哺乳类之前介绍）、哺乳类、人类各由一章代表。在每一章中，同样按照分类和演化顺序，比如鱼类中按照无颌类、盾皮鱼类、软骨鱼和棘鱼类、辐鳍鱼类和肉鳍鱼类的顺序介绍；而在每个亚类中，则按照时代顺序排序，比如无颌类中，先介绍寒武纪的海口鱼，再介绍志留纪的曙鱼，最后介绍白垩纪的中生鳗。这个顺序也与博物馆的展区划分规则一致，从而有利于读者在博物馆中很容易地找到相关展品。唯一一个例外是海洋爬行动物，该展区因为展品太大而被偏安一角，安排在二楼的西侧厅，但在本书中仍按照演化顺序予以介绍。为了丰富本书内容，我们也专门加入了另外 40 件馆藏化石的高清大图，加盖“馆藏”印记，给读者以额外的视觉享受。

为了给读者一个更为广阔的视野，我们参考《征程》一书，加入了重编的脊椎动物演化“大事件”。需要说明的是，这九大事件是脊椎动物演化过程中的九次关键转折点，但它们更多关注的是生物本身的结构创新和生态领域的拓展。希望读者不要忘记，在过去 5 亿年中，也曾发生过五次生物“大灭绝”事件，而那些事件大多与外界环境剧变相关，比如大规模火山爆发或地外陨星撞击。演化与灭绝事件放在一起统一考虑，更可以看出，人类的出现在生命演化进程中其实是一个非常小概率的事件，如果上述 14 个事件中的任何一个以另外一种形式展开（比如 6600 万年前那颗小行星没有撞击地球，恐龙仍然主宰陆地），那么地球目前所谓的“统治者”就不是我们人类了。

我们还希望传达给读者一个想法，就是生物的演化没有方向，人类并不是演化的终点，而仅仅是其中一个分支。人类以无与伦比的技术改造着世界，但也应该保持谦卑，对地球、对自然、对生命心怀敬畏。“能力越大、责任越大”，我们总说要保护地球、保护生物多样性——其实地球自有运转机制，生物遵循相关演化规律——我们保护的是人类自己生存的依托，是在保护人类自己。

最后想说明的是，我希望这不是一本普通的博物馆导览书，而是把展品背后那些精彩的故事展现出来，包括生命演化的故事、化石发现的故事、科学研究的故事、科学家科研之外的轶事以及人格魅力等。为此，我们在书中加入了“专家讲故事”和“科学家丰碑”等内容。我们前期拍摄了 18 位各领域研究专家的访谈视频，邀请他们讲述自己的研究故事，最后由出版社编辑成了 28 段“专家讲故事”音频，以二维码扫描的方式呈现在书中。在此特别感谢张弥曼、吴新智、邱占祥和周忠和诸位院士百忙中受邀献声，与读者分享自己的工作。科学家丰碑则介绍了学科的两位开创者：中国古脊椎动物学之父杨锺健先生和中国旧石器考古学奠基人裴文中先生。在他们的引领和感召下，后辈同仁们继续为学科发展而不懈努力着。

九年准备，终于付梓。但因水平所限，这里的故事讲得与理想中还是会有不少差距。我们希望能抛砖引玉，也请各位读者不吝赐教。

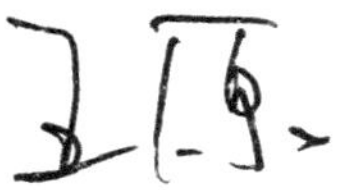

2017 年 11 月 5 日 于北京

2018 年 7 月 5 日再版修改

参考文献

下面列出的是编著者在写作过程中参考的主要图书，以及向读者推荐的可以辅助阅读的书目。这些较为通俗易懂的图书为书中讨论的相关科学问题提供了更多详细的资料（按照作者姓氏拼音排序）。

[1]（英）迈克尔·本顿 . 古脊椎动物学 [M]. 第 4 版 . 董为译 . 北京：科学出版社 . 2017.

[2] Chang M M, Chen P J, Wang Y Q, Wang Y, Miao D S. The Jehol Biota: The Emergence of Feathered Dinosaurs, Beaked Birds and Flowering Plants[M]. Shanghai: Shanghai Scientific & Technical Publishers. 2003.

[3] Clack J A. Gaining Ground: The Origin and Evolution of Tetrapods[M]. 2nd edition. Bloomington & Indianapolis: Indiana University Press. 2012.

[4]（法）让－巴普蒂斯特·德·帕纳菲厄，（法）帕特里克·格里斯 . 演化 [M]. 邢路达，胡晗，王维译 . 北京：北京美术摄影出版社 . 2016.

[5] 邓涛 . 西行札达——发现冰期动物的高原始祖 [M]. 上海：上海科学技术出版社 . 2014.

[6] 董枝明，尤海鲁，彭光照 . 第五册：鸟臀类恐龙 [M]. // 李锦玲，周忠和 . 中国古脊椎动物志·第二卷（两栖类，爬行类，鸟类）. 北京：科学出版社 . 2015.

[7] Fraser N C, Sues H-D. Terrestrial Conservation Lagerstätten: Windows into the Evolution of Life on Land[M]. Edinburgh & London: Dunedin Academic Press.2017.

[8]（英）理查德·福提 . 化石——洪荒时代的印记 [M]. 邢路达，胡晗，王维译 . 王原审校 . 北京：中国科学技术出版社 . 2017.

[9] 侯连海，钟正明，杨恩生，曾孝濂，侯晋封 . 中国古鸟类 [M]. 昆明：云南科技出版社 . 2003.

[10] 黄慰文 . 周口店北京直立人遗址 [M]. 北京：文物出版社 . 2007.

[11] 金昌柱，刘金毅 . 安徽繁昌人字洞——早期人类活动遗址 [M]. 北京：科学出版社 . 2009.

[12] 黄迪颖 . 道虎沟生物群 [M]. 上海：上海科学技术出版社 . 2016.

[13]（美）杰里·科因 . 为什么要相信达尔文 [M]. 叶盛译 . 北京：科学出版社 . 2009.

[14] 李传夔，邱铸鼎 . 第三册：劳亚食虫类，原真兽类，翼手类，真魁兽类，狉兽类 [M]. // 邱占祥，李传夔 . 中国古脊椎动物志·第三卷（基干下孔类，哺乳类）. 北京：科学出版社 . 2015.

[15] 李建军 . 第八册：中生代爬行类和鸟类足迹 [M]. // 李锦玲，周忠和 . 中国古脊椎动物志·第二卷（两栖类，爬行类，鸟类）. 北京：科学出版社 . 2015.

[16] 李锦玲，刘俊 . 第一册：基干下孔类 [M]. // 邱占祥，李传夔 . 中国古脊椎动物志·第三卷（基干下孔类，哺乳类）. 北京：科学出版社 . 2015.

[17] 刘武，吴秀杰，邢松，张银运 . 中国古人类化石 [M]. 北京：科学出版社 . 2014.

[18] 孟津，王元青，李传夔 . 第二册：原始哺乳类 [M]. // 邱占祥，李传夔 . 中国古脊椎动物志·第三卷（基干下孔类，哺乳类）. 北京：科学出版社 . 2015.

[19] 苗德岁，郭警 . 天演论（少儿彩绘版）[M]. 南宁：接力出版社 . 2016.

[20]（美）安娜莉·内维茨 . 第 6 次大灭绝——人类能挺过去吗 [M]. 徐洪河，蒋青译 . 上海：上海科学技术出版社 . 2014.

[21] 裴文中 . 旧石器时代之艺术 [M]. 北京：商务印书馆 . 2015.

[22] 邱占祥，王伴月 . 中国的巨犀化石 [M]. 北京：科学出版社 . 2007.

[23] 戎嘉余，许汉奎，冯伟民，傅强 . 远古的灾难——生物大灭绝 [M]. 南京：江苏凤凰科学技术出版社 . 2014.

[24]（加）舒柯文，王原，（澳）楚步澜 . 征程：从鱼到人的生命之旅（中文典藏版）[M]. 北京：科学普及出版社 . 2017.

[25]（英）西里尔·沃克，（英）戴维·沃德 . 化石 [M]. 谷祖纲，李小波译 . 齐文同，朱敏，王原等译审 . 北京：中国友谊出版公司 . 2005.

[26] 王幼平 . 石器研究——旧石器时代考古方法初探 [M]. 北京：北京大学出版社 . 2006.

[27] 王原 . 第一册：两栖类 [M]. // 李锦玲，周忠和 . 中国古脊椎动物志·第二卷（两栖类，爬行类，鸟类）. 北京：科学出版社 . 2015.

[28] 吴新智，徐欣．探秘远古人类 [M]. 北京：外语教学与研究出版社．2015.

[29] 邢立达．恐龙足迹 [M]. 上海：上海科技教育出版社．2010.

[30] 徐星．未亡的恐龙 [M]. 上海：上海科学技术出版社．2001.

[31] 杨镰健．西北的剖面 [M]. 北京：生活・读书・新知三联书店．2014.

[32] 张之恒，黄建秋，吴建民．中国旧石器时代考古 [M]. 南京：南京大学出版社．2003.

[33] 周忠和，王向东，王原．十万个为什么（古生物）[M]. 上海：少年儿童出版社．2013.

[34] 赵闯，杨杨，王丽霞．古生物图鉴：中国恐龙 [M]. 苗德岁译．长沙：湖南科学技术出版社．2013.

[35] 赵丽君，李淳．海怪寻踪：中国三叠纪海生爬行动物探秘 [M]. 杭州：浙江古籍出版社．2009.

[36] 赵资奎，王强，张蜀康．第七册：恐龙蛋 [M]. // 李锦玲，周忠和．中国古脊椎动物志・第二卷（两栖类，爬行类，鸟类）. 北京：科学出版社．2015.

[37] 中国科学院南京地质古生物研究所．中国“金钉子”——全球标准层型剖面和点位研究 [M]. 杭州：浙江大学出版社．2013.

[38] 朱敏．第一册（无颌类）[M]．// 张弥曼，朱敏．中国古脊椎动物志・第一卷（鱼类）. 北京：科学出版社．2015.

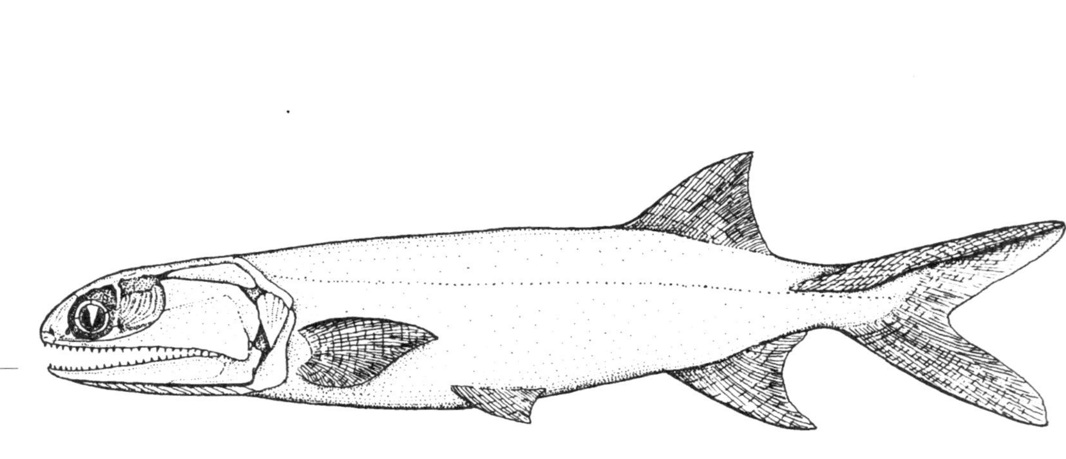

附录一 地质年代表

距今时间（百万年前）	地质年代			延续时间（百万年）
	代	纪	世	
0.01	新生代	第四纪	全新世	2.6
2.6			更新世	
5.3		新近纪	上新世	20.4
23			中新世	
34		古近纪	渐新世	43
56			始新世	
66			古新世	
145	中生代	白垩纪		79
201		侏罗纪		56
252		三叠纪		51
299	古生代	二叠纪		47
359		石炭纪		60
419		泥盆纪		60
444		志留纪		24
485		奥陶纪		42
541		寒武纪		56
~4600	前寒武纪			~4059

* 温馨提示：本书经常会出现各种“××代”“××纪”“××世”这样的地质年代名词。当你不知道它们对应的时间段时，就回到本页查一查吧！

* 再提示一条：这张表左侧的一列数字所代表的时间单位是“百万年”！

附录二 中国含古生物展陈的部分博物馆

（注：带 * 号的 71 家为与中国古动物馆有过展陈合作的单位）

所在地 博物馆名称

1. 安 徽 * 安徽博物院
2. 安 徽 * 安徽省地质博物馆
3. 安 徽 合肥工业大学博物馆
4. 安 徽 * 潜山县博物馆
5. 安 徽 * 五河县博物馆
6. 安 徽 * 芜湖博物馆
7. 安 徽 * 滁州博物馆
8. 北 京 * 北京大学地质博物馆
9. 北 京 * 北京自然博物馆
10. 北 京 房山世界地质公园博物馆
11. 北 京 * 中国地质博物馆
12. 北 京 * 中国地质大学（北京）博物馆
13. 北 京 中国古动物馆
14. 北 京 中国科技馆
15. 北 京 * 周口店遗址博物馆
16. 重 庆 * 重庆自然博物馆
17. 甘 肃 丹霞山世界地质公园博物馆
18. 甘 肃 * 甘肃地质博物馆
19. 甘 肃 * 甘肃省博物馆
20. 甘 肃 * 和政古动物化石博物馆
21. 甘 肃 * 兰州大学博物馆
22. 广 东 * 广东省博物馆
23. 广 东 * 河源恐龙博物馆（中国古动物馆恐龙蛋馆）
24. 广 东 * 深圳古生物博物馆
25. 广 东 中山大学地质矿物博物馆
26. 广 西 * 广西自然博物馆
27. 广 西 * 柳州白莲洞洞穴科学博物馆
28. 贵 州 * 贵州大学自然博物馆
29. 贵 州 * 贵州关岭化石群国家地质公园博物馆群
30. 贵 州 贵州龙博物馆（兴义国家地质公园）
31. 贵 州 * 贵州省博物馆
32. 海 南 * 三亚自然博物馆
33. 河 北 河北省博物院
34. 河 北 河北地质大学地球科学博物馆
35. 河 南 * 河南省地质博物馆
36. 黑龙江 * 大庆博物馆
37. 黑龙江 * 黑龙江省地质博物馆
38. 黑龙江 嘉荫神州恐龙博物馆
39. 黑龙江 * 伊春地质博物馆
40. 湖 北 * 恩施土家族苗族自治州博物馆
41. 湖 北 * 建始直立人遗址博物馆
42. 湖 北 * 十堰博物馆
43. 湖 北 中国地质大学（武汉）逸夫博物馆
44. 湖 南 * 湖南省地质博物馆
45. 吉 林 * 东北师范大学暨吉林省自然博物馆
46. 吉 林 吉林大学地质博物馆
47. 江 苏 常州中华恐龙园博物馆
48. 江 苏 南京地质博物馆
49. 江 苏 * 南京古生物博物馆
50. 江 苏 * 南京直立人化石遗址博物馆
51. 江 西 * 赣州自然博物馆
52. 江 西 * 江西省地质博物馆
53. 辽 宁 北票鸟化石国家级自然保护区博物馆
54. 辽 宁 本溪地质博物馆（中国地质博物馆本溪馆）
55. 辽 宁 朝阳济赞堂古生物化石博物馆
56. 辽 宁 大连星海古生物化石博物馆
57. 辽 宁 大连自然博物馆

58. 辽 宁 锦州古生物博物馆
59. 辽 宁 锦州世博园国际古生态馆
60. 辽 宁 *辽宁朝阳鸟化石国家地质公园博物馆
61. 辽 宁 *辽宁工程技术大学地质博物馆
62. 辽 宁 *辽宁古生物博物馆
63. 辽 宁 宜州化石馆
64. 内蒙古 *巴彦淖尔国家地质公园地质博物馆
65. 内蒙古 *鄂尔多斯青铜器博物馆
66. 内蒙古 *二连浩特国家地质公园
67. 内蒙古 *内蒙古博物院
68. 内蒙古 *内蒙古自然博物院
69. 内蒙古 *宁城国家地质公园博物馆
70. 宁 夏 *宁夏回族自治区地质博物馆
71. 宁 夏 *水洞沟遗址博物馆
72. 山 东 *莱阳白垩纪国家恐龙地质公园博物馆
73. 山 东 *山东自然博物馆
74. 山 东 *山东省博物馆
75. 山 东 山东诸城恐龙国家地质公园博物馆群
76. 山 东 山旺古生物化石博物馆
77. 山 东 山旺国家地质公园博物馆
78. 山 东 天宇自然博物馆
79. 山 东 烟台自然博物馆（中国地质博物馆烟台馆）
80. 山 西 *山西博物院
81. 山 西 *山西地质博物馆
82. 山 西 *榆社县化石博物馆
83. 陕 西 长安大学地质博物馆
84. 陕 西 陕西历史博物馆
85. 陕 西 陕西自然博物馆
86. 陕 西 *神木县博物馆
87. 陕 西 *西北大学博物馆
88. 上 海 *上海科技馆（上海自然博物馆）
89. 四 川 *成都理工大学博物馆
90. 四 川 天演博物馆
91. 四 川 *自贡恐龙博物馆
92. 台 湾 石尚矿物化石博物馆
93. 台 湾 *自然科学博物馆（台中）
94. 天 津 *国家海洋博物馆
95. 天 津 *天津自然博物馆
96. 新 疆 *昌吉恐龙博物馆
97. 新 疆 *哈密博物馆
98. 新 疆 *奇台县博物馆
99. 新 疆 *吐鲁番博物馆
100. 新 疆 吐鲁番地区国土资源陈列馆
101. 新 疆 新疆地质矿产博物馆
102. 新 疆 *伊犁州博物馆
103. 云 南 澄江帽天山国家地质公园博物馆
104. 云 南 楚雄彝族自治州博物馆
105. 云 南 昆明动物博物馆
106. 云 南 *禄丰恐龙博物馆
107. 云 南 *禄丰世界恐龙谷博物馆
108. 云 南 *玉溪博物馆
109. 浙 江 *绍兴科技馆
110. 浙 江 *浙江自然博物馆

索引

含大事件、科学家丰碑和专家讲故事中的专家姓名，以及展品和知识窗中的关键词、注释词汇和其他重要的分类学和解剖学词汇。

属级生物分类用括号标识

图书在版编目（CIP）数据

走进中国科学院博物馆：听化石的故事 / 王原等编著 . —北京：科学普及出版社，2018.5（2022.1 重印）

ISBN 978-7-110-09794-6

Ⅰ . ①走… Ⅱ . ①王… Ⅲ . ①化石－普及读物 Ⅳ . ① Q911.2-49

中国版本图书馆 CIP 数据核字 (2018) 第 061738 号

策划编辑　杨虚杰
责任编辑　鞠　强
装帧创意　林海波
设计制作　犀烛文化
责任校对　杨京华
责任印制　马宇晨

出　　版　科学普及出版社
发　　行　中国科学技术出版社有限公司发行部
地　　址　北京市海淀区中关村南大街 16 号
邮　　编　100081
发行电话　010-62173865
传　　真　010-62173081
网　　址　http://www.cspbooks.com.cn

开　　本　787mm×1092mm　1/16
字　　数　250 千字
印　　张　18
版　　次　2018 年 5 月第 1 版
印　　次　2022 年 1 月第 4 次印刷
印　　刷　北京盛通印刷股份有限公司

书　　号　ISBN 978-7-110-09794-6 / Q·234
定　　价　128.00 元